W0259235

ALLE ZEIT WACH
1842

Wolfgang Roßmann

Rechnergestützter Layoutentwurf von Hybridschaltungen

Widerstandsberechnung, Entwurfsschritte, Layoutüberprüfung

Mit 67 Abbildungen

Springer-Verlag
Berlin Heidelberg New York
London Paris Tokyo 1989

Dr.-Ing. Wolfgang Roßmann
M.S. (Comp. Sc.) / Univ. California, Wissenschaftlicher Mitarbeiter im
Werk für Schichtschaltungen der Siemens AG, München

ISBN 978-3-540-50655-3 ISBN 978-3-642-52309-0 (eBook)
DOI 10.1007/978-3-642-52309-0

CIP-Titelaufnahme der Deutschen Bibliothek

Roßmann, Wolfgang:
Rechnergestützter Layoutentwurf von Hybridschaltungen: Widerstandsberechnung, Entwurfsschritte, Layoutüberprüfung / Wolfgang Roßmann. -
Berlin; Heidelberg; New York; London; Paris; Tokyo: Springer, 1989

Dieses Werk ist urheberrechtlich geschützt. Die dadurch begründeten Rechte, insbesondere die der Übersetzung, des Nachdrucks, des Vortrags, der Entnahme von Abbildungen und Tabellen, der Funksendung, der Mikroverfilmung oder der Vervielfältigung auf anderen Wegen und der Speicherung in Datenverarbeitungsanlagen, bleiben, auch bei nur auszugsweiser Verwertung, vorbehalten. Eine Vervielfältigung dieses Werkes oder von Teilen dieses Werkes ist auch im Einzelfall nur in den Grenzen der gesetzlichen Bestimmungen des Urheberrechtsgesetzes der Bundesrepublik Deutschland vom 9. September 1965 in der Fassung vom 24. Juni 1985 zulässig. Sie ist grundsätzlich vergütungspflichtig. Zuwiderhandlungen unterliegen den Strafbestimmungen des Urheberrechtsgesetzes.

© Springer-Verlag Berlin Heidelberg 1989

Die Wiedergabe von Gebrauchsnamen, Handelsnamen, Warenbezeichnungen usw. in diesem Buche berechtigt auch ohne besondere Kennzeichnung nicht zu der Annahme, daß solche Namen im Sinne der Warenzeichen- und Markenschutz- Gesetzgebung als frei zu betrachten wären und daher von jedermann benutzt werden dürften.

Gesamtherstellung: Hieronymus Buchreproduktions GmbH, München
2362/3020 - 543210

Vorwort

Die Hybridschaltungstechnik, mit ihren beiden Technologievarianten Dickschicht und Dünnfilm, hat als vielseitige Integrations- und Verbindungstechnik ihren festen Platz zwischen der Leiterplattentechnik und den hochintegrierten Schaltungen.

Der Aufschwung, den sie in den letzten Jahren erfahren hat, zog einen großen Bedarf an modernen Verfahren zu einem möglichst automatisierten und rechnergestützten Entwurf der Schaltungen nach sich. In der industriellen Praxis werden jedoch zur Zeit meist Werkzeuge eingesetzt, die für die Leiterplatten- oder IC-Entwicklung konzipiert wurden. Sie können aufgrund der besonderen Vielseitigkeit der Hybridtechnik der gestellten Aufgabe nicht voll gerecht werden.

In dem vorliegenden Buch wird der Versuch unternommen, speziell für den Hybrid-Layoutentwurf theoretische Ansätze und praktische Realisierungsmöglichkeiten aufzuzeigen, um die Entwurfsarbeit auf allen Entwicklungsstufen sinnvoll mit Hilfe eines Rechners zu unterstützen und zu erleichtern. Ausgangspunkt ist die Widerstandsberechnung, die unter Berücksichtigung aller für die Dimensionierung wichtigen technologischen Einflüsse behandelt wird. Anschließend werden Grundlagen für die interaktive Plazierung und ein neuer Ansatz zur automatischen Verdrahtung vorgestellt. Zur Prüfung und Weiterverarbeitung des Layouts werden neue Verfahren zur Entwurfsregelprüfung, Kompaktierung und Maskengenerierung behandelt.

Alle Themen wurden speziell unter Berücksichtigung der besonderen Anforderungen in der Hybridtechnik bearbeitet. Sowohl dem Entwickler als auch dem Anwender von CAD-Verfahren werden für alle Schritte im Layoutentwurf neue Lösungen vermittelt und an Beispielen erläutert.

Die Grundlagen der vorliegenden Arbeit entstanden während meiner Tätigkeit als wissenschaftlicher Mitarbeiter am Lehrstuhl für Netzwerktheorie und Schaltungstechnik der Technischen Universität München. Mein besonderer Dank gebührt dem Lehrstuhlinhaber Herrn Prof. Dr.-Ing. Rudolf Saal und Herrn Dipl.-Ing. (FH) Ernst Schmidt als Leiter des Hybridlabors für die Unterstützung meiner Arbeiten. Bedanken möchte ich mich auch bei meinen Kollegen im Werk für Schichtschaltungen der Siemens AG für die praktischen Anregungen und die weitere Förderung meiner Arbeit. Dem Springer-Verlag gilt mein Dank für die gute Zusammenarbeit bei der Fertigstellung des Buches.

München, im Februar 1989 Wolfgang Roßmann

Inhaltsverzeichnis

Seite

1 EINLEITUNG 1

1.1 Grundlagen der Hybridtechnologie 1
1.2 Entwurfsschritte bei der Layouterstellung für Hybridtechnologie 3
1.3 Stand der Technik auf dem Gebiet Rechnerunterstützung 5
1.4 Zielsetzung und Gliederung des Buches 14

2 RECHNERUNTERSTÜTZUNG BEIM ELEMENTEENTWURF 17

2.1 Widerstandsentwurf 17
2.1.1 Grundlagen 17
2.1.2 Berücksichtigung technologisch bedingter Abweichungen 25
2.1.3 Approximation von Meßwerten 32
2.1.4 Trimmschnittsimulation 36
2.1.5 Einfluß dielektrischer Schichten 45
2.2 Kondensatoren 49
2.2.1 Schichtkondensatoren 50
2.2.2 Isoplanare Leiter 51
2.3 Induktivitäten 52

3 INTERAKTIVER LAYOUTENTWURF 53

3.1 Vorgehensweise beim interaktiven Plazieren und Verdrahten 53
3.2 Forderungen an ein interaktives Entwurfssystem 54
3.2.1 Grundelemente 54
3.2.2 Interaktionsmöglichkeiten 57

Seite

3.3 Datenstrukturen zur Repräsentation von Layoutbildern 60
3.3.1 Verkettete Auflistung der Elemente 60
3.3.2 Sortierte Anordnung 61
3.3.3 Hierarchische Strukturen 63
3.3.4 Strukturierung mit einem Gitter 64
3.3.5 Vernetzte Strukturen 66

4 AUTOMATISCHE VERDRAHTUNG 69

4.1 Verdrahtungshilfen bei interaktiven Eingriffen 70
4.1.1 Einfügen neuer Verbindungen 70
4.1.2 Automatische Leiterbahnnachführung 72
4.2 Vollautomatische Verdrahtung mit einem Standardverfahren 77
4.2.1 Auswahl des Verfahrens 77
4.2.2 Vorgaben für die Verdrahtungsaufgabe 79
4.2.3 Wegfindung 81
4.3 Angepaßtes Gitter für eine rastergebundene Verdrahtung 83
4.4 Neues rasterfreies Zonensuchverfahren 85

5 ENTWURFSREGELPRÜFUNG 90

5.1 Geometrische Entwurfsregeln 91
5.2 Prinzipielle Methoden der Layoutüberprüfung 92
5.2.1 Direkte Verfahren 92
5.2.2 Merkmalsgewinnung und -prüfung 93
5.3 Hilfsmittel zur Merkmalsgewinnung 94
5.3.1 Darstellung der Elemente als Polygone 94
5.3.2 Bestimmung des Flächenbelags 96
5.3.3 Logische Operationen 98
5.3.4 Geometrische Operationen 101
5.4 Verfahren zur Prüfung der Merkmale 102
5.4.1 Mindestabstand 103
5.4.2 Mindestbreite 104
5.5 Komplexitätsbetrachtungen 105
5.6 Erzeugung neuer Maskenebenen 105

Seite

6 KOMPAKTIERUNG 107

6.1 Verdichtung orthogonaler Strukturen 107
6.2 Verdichtung allgemeiner Polygone 110
6.2 Komplexitätsabschätzung 112

7 MASKENERZEUGUNG 113

8 LAYOUT-BEISPIEL 116

9 ZUSAMMENFASSUNG 119

LITERATURVERZEICHNIS 123

SACHVERZEICHNIS 133

1 Einleitung

1.1 Grundlagen der Hybridtechnologie

Trotz ausgereifter Techniken zum schnellen Entwurf sehr komplexer Leiterplatten auf der einen Seite und dem immer weiteren Vordringen monolithischer Schaltungen in Form von Gate-Arrays und kundenspezifischen Bausteinen auf der anderen Seite, ist ein ständig wachsender Bedarf an hybriden Schichtschaltungen zu verzeichnen. Diese Technologie wird mehr und mehr zum Bindeglied zwischen Leiterplatten- und monolithischer Technologie. Sie versucht, die vielfältigen Möglichkeiten der Leiterplattentechnik mit den Vorteilen der Integrationstechnik bei vergleichbarem bzw. geringerem Aufwand zu vereinen.

Der Aufschwung, den diese Technologie in den letzten 10 Jahren nahm, schlug sich in zweistelligen Zuwachsraten nieder (Europa 12%, USA 18% und Japan bis 30% nach [1-3]), die heute nicht mehr erreicht werden. Dennoch wird ein wichtiges Marktsegment für die Hybridtechnologie bleiben, die gerade auf Gebieten wie der Automobilelektronik, der Sensortechnik und auch als hochwertige Verbindungstechnik für komplizierteste Anwendungen ihren Platz behauptet.

In der Hybridschaltungstechnik werden auf einem Substrat aus Keramik oder Glas (z.B. 2 Zoll im Quadrat) Leiterbahnen und passive Bauelemente (sog. Schichtelemente) kollektiv aufgebracht. Anschließend können vorgefertigte Bauteile (wie Dioden, Transistoren oder hochintegrierte Komponenten) in diese Schichtschaltung eingesetzt werden, wodurch sich erst ein echter Hybridschaltkreis ergibt.

Je nach dem Herstellungsverfahren der Schichten auf dem isolierenden Träger unterscheidet man prinzipiell zwei Schaltungstypen:

In der **Dickschichttechnik** werden Leiterbahnen, Widerstände sowie dielektrische und isolierende Schichten in einem Siebdruckverfahren (additiv) erzeugt. Verschiedene Pasten werden nacheinander auf einem meist keramischen

Träger (AL_2O_3) verdruckt. Nach einem anschließenden Trocknungs- und Sinterprozeß (bei Temperaturen bis zu 1000 °C) erhält man Schichtelemente mit definierten physikalischen und elektrischen Eigenschaften. Die feinsten Strukturen, die mit der Siebdrucktechnik erzeugt werden, erreichen etwa 100 µm Leiterbahnbreite. Die Widerstandswerte lassen sich mittels Laserabgleich bis auf 0,3% relative Genauigkeit (als Langzeitwert) einstellen.
Obwohl prinzipiell auch Kondensatoren und Spulen in dieser Technik integriert werden könnten, werden solche Schaltungskomponenten meist als vorgefertigte Bauteile (wie auch Dioden, Transistoren oder integrierte Schaltkreise) nachträglich in die Schaltung eingesetzt und durch Kleben, Löten oder Bonden mit den leitenden Schichten kontaktiert. Dickschicht-Hybridschaltungen sind mit verhältnismäßig einfachem Aufwand herzustellen und zeichnen sich durch große Flexibilität im Einsatz aus. In dieser Technik lassen sich Elemente der unterschiedlichsten Technologien mit einem weiten Spektrum von Anwendungen (analog, digital) vereinen. Sie eignet sich auch gut als sehr kompakte Verdrahtungstechnik zur Verschaltung komplexer Bausteine untereinander mit bis zu 15 Verdrahtungsebenen in der herkömmlichen Drucktechnik bzw. über 30 Lagen bei Mehrlagen-Keramiksubstraten [4].

In der **Dünnfilmtechnik** werden Widerstände und Leiterbahnen durch Aufdampfen oder Sputtern der benötigten Materialien erzeugt. Diese Schichten werden meist ganzflächig aufgebracht und anschließend in einem photolithographischen Ätzprozeß strukturiert. Aufgrund des Herstellungsverfahrens kommen hier auch andere Substanzen als in der Dickschichttechnik zum Einsatz und es entstehen wesentlich dünnere Schichten. Allerdings lassen sich Leiterbahnüberkreuzungen nur unter hohem fertigungstechnischen Aufwand realisieren. Mit der subtraktiven Strukturierung durch selektives Ätzen sind Bahnen bis unter 10 µm Breite realisierbar. Dies führt zusammen mit den besonderen Eigenschaften der homogenen Schichten dazu, daß die erzeugten Widerstandswerte genauer eingehalten werden, als in der Dickschichttechnik. Die Materialauswahl bedingt jedoch einen eingeschränkten Widerstandsbereich bzw. die Notwendigkeit, hochohmige Werte durch Mäanderstrukturen zu realisieren.

Für beide Hybridtechniken gibt es ein weites Anwendungsfeld, von der Leistungselektronik bis hin zur Mikrowellentechnik. Während die - aufgrund des apparativen Aufwandes in der Fertigung - teurere Dünnfilmtechnik vor allem bei hochgenauen Mikrowellenschaltungen und in der Sensortechnik eingesetzt wird, lassen sich Dickschichthybride in fast allen elektrischen Geräten finden. Mit dieser Technik sind bereits Kleinserien kostengünstig realisierbar und auch mittelständische Betriebe sind in der Lage, eine eigene Hybridfertigung aufzubauen. Um hochwertige Schaltungen anfertigen zu können, müssen dabei zwei Punkte beachtet werden:

-- Es muß Erfahrung im Umgang mit dem technologischen Prozeß vorliegen.

-- Bei fast allen Schritten der Schaltungsentwicklung sind jeweils besondere technologische Erfordernisse mit zu berücksichtigen.

Bevor näher auf die Möglichkeiten einer Rechnerunterstützung beim Schaltungsentwurf eingegangen wird, sollen die hierbei wesentlichen Arbeitsschritte kurz vorgestellt werden.
Da im Einsatz der Hybridtechnologie der Anteil der Dickschichttechnik im Vergleich zur Dünnfilmtechnik stark überwiegt (1980 lag er bei 95% [3]), werden im folgenden (soweit nicht anders angegeben) vor allem Methoden und Algorithmen im Hinblick auf die Anwendung in der Dickschichttechnik beschrieben.

1.2 Entwurfsschritte der Layouterstellung für Hybridtechnologie

Die Entwicklung einer elektrischen Schaltung in der Mikroelektronik muß neben dem erforderlichen elektrischen Entwurf sehr detaillierte Unterlagen für die spätere Fertigung liefern. Grundlage für die Aufstellung des Stromlaufplans sind die geforderten Betriebseigenschaften der Schaltung. Der im Stromlaufplan vorliegende **logische** Entwurf wird nun vom Entwurfsingenieur (meist manuell) umgesetzt in das **physikalische** Abbild der Schaltung, das Layout. In den verschiedenen Ebenen des **Layouts** - der flächenmäßigen Auslegung und Anordnung der verschiedenen, die Schaltung konstituierenden Schichten und Elemente - sind schließlich die wesentlichen Informationen zur Fertigung der Masken und damit der gewünschten Schichtschaltung enthalten.

In Bild 1.1 sind die zur Anfertigung eines Layouts für die Dickschichttechnik erforderlichen Entwurfsschritte schematisch aufgezeigt. Ausgangspunkt für die Layouterstellung ist hier der Stromlaufplan; als Ergebnis liegen die zur Fertigung der Schaltung benötigten Masken vor.

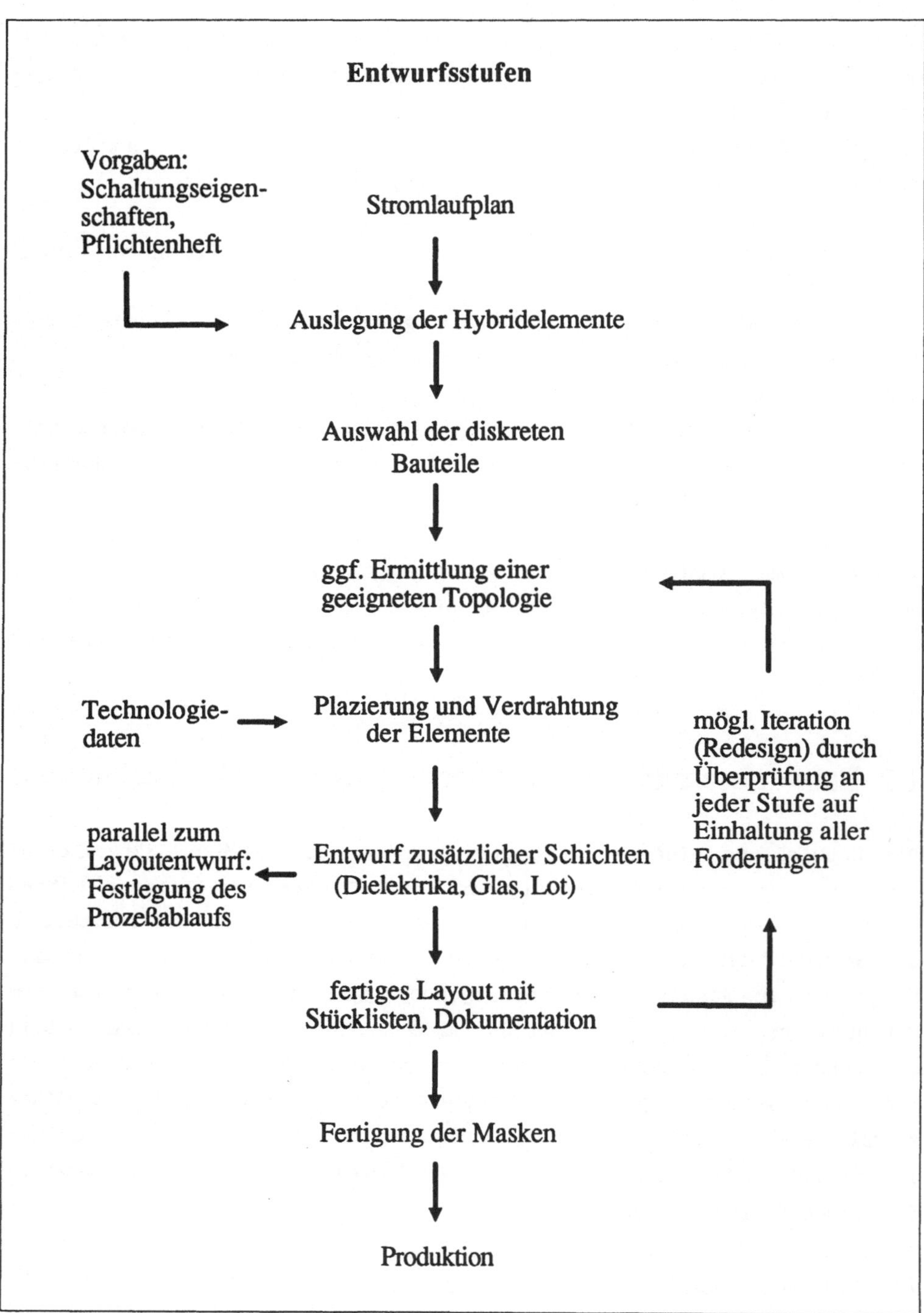

Bild 1.1: Entwurfsschritte für eine Dickschichtschaltung

Drei Punkte sollen dazu näher erläutert werden:

-- Neben der im Stromlaufplan vorgegebenen Information ist die Festlegung zusätzlicher technischer Parameter in einem sog. **Pflichtenheft** von Bedeutung: z.B. Lage der Ein- und Ausgänge, kritische Pfade in der Schaltung, besondere Forderungen an Bauelemente, die in dieser Technik integriert werden, wie Abgleich und Temperaturverhalten, Größe der Schaltung, Stückzahlen, Kosten usw.

-- Meist ist parallel zur Entwicklung des Layouts festzulegen, in welcher Reihenfolge die einzelnen Schichten erzeugt werden sollen und welche Fertigungstechniken zum Einbau der diskreten Bauteile angewendet werden. Viele Details beim Entwurf eines Layouts lassen sich nur mit genauer Kenntnis der jeweils eingesetzten Technologie richtig lösen. Die hier getroffenen Entscheidungen haben später einen starken Einfluß auf die erfolgreiche Produktion der Schaltung, was sich in Qualität und Ausbeute bzw. in den Produktionskosten niederschlägt.

-- Das fertige Layout, wie auch bereits die Ergebnisse der einzelnen Entwurfsschritte sind sorgfältig auf die Einhaltung der jeweils vorliegenden Forderungen zu überprüfen. Mögliche Iterationen, d.h. das Vornehmen von Änderungen auf einer vorhergehenden Stufe und nochmalige Durchführung eines Entwurfsschrittes können oft nicht ausgeschlossen werden. Durch exakte Definition der Vorgaben des Pflichtenheftes und Berücksichtigung der bekannten Technologiedaten sollte jedoch ein Redesign der gesamten Schaltung nach Anlauf der Fertigung möglichst nicht mehr erforderlich sein.

1.3 Stand der Technik auf dem Gebiet Rechnerunterstützung

Allgemein sind Methoden der Rechnerunterstützung heute beim Entwurf elektrischer Schaltungen weit verbreitet. Aufgrund der wachsenden Komplexität der zu realisierenden Schaltkreise und dem Wunsch nach noch kürzeren Design-Zeiten wird eine rein manuelle Vorgehensweise immer seltener.

Die Gebiete, auf denen eine Rechnerunterstützung möglich bzw. erforderlich sind, umfassen ein sehr weites Spektrum. Es beginnt bei einer frühen Phase im zeitlichen Ablauf des Schaltungsentwurfs: mit der

Simulation. Ganz unabhängig von der späteren Realisierung bzw. der Technologie kann und wird man nicht mehr mit physikalischen Aufbauten experimentieren, sondern wird versuchen, die Schaltung geeignet zu modellieren und ihr Verhalten zu simulieren.
Weitere wichtige Ergebnisse der Schaltungsentwicklung sind das Konzept und die erforderlichen Daten zum Testen einer Schaltung. Das Testkonzept muß entwurfsbegleitend entwickelt werden und wird Auswirkungen auf die Realisierung haben. Zur Bereitstellung der erforderlichen Testdaten wird man vor allem bei komplexen Digitalschaltungen auf eine Rechnerunterstützung nicht verzichten können.
In diesem Buch wird vor allem die Rechnerunterstützung auf dem Gebiet des geometrischen Layoutentwurfes behandelt. Da die Hybridtechnik als Bindeglied zwischen der Leiterplatten- und der Integrationstechnik steht und auch die Methoden zum Layoutentwurf bisher von den Entwurfsverfahren dieser Technologien abgeleitet wurden, soll im folgenden ein kurzer Gesamtüberblick gegeben werden.

Für den Entwurf **gedruckter Leiterplatten** sind zahlreiche Algorithmen entwickelt und implementiert worden, die die einzelnen Arbeitschritte wie Partitionierung, Plazierung und Verdrahtung bis hin zur Erstellung von Photoplots, Bohrlochstreifen und der erforderlichen Dokumentation bewerkstelligen. Vor allem für die automatische Verdrahtung liegen sehr ausgereifte Verfahren vor, die eine außerordentliche Arbeitserleichterung darstellen. Eine 100%-ige Verdrahtung wird besonders bei dicht gepackten Leiterplatten nicht stets erreicht. Hier kann ggf. der Einsatz mehrerer Strategien, die beträchtliche Rechenzeiten in Anspruch nehmen können, zum Ziel führen. In jedem Fall sind die erforderlichen Nacharbeiten zum Verlegen der fehlenden Bahnen bzw. zur Reduzierung der Zahl von Kontaktstellen gering.
Das geometrische Entwurfsproblem bei Leiterplatten ist allerdings insofern gut zu lösen, als hier wenige und relativ einfache Entwurfsregeln vorliegen, und sich eine klar definierbare Aufgabenstellung formulieren läßt. Meist wird für die Realisierung ein festes Raster zugrundegelegt und auch die Formen- und Größenauswahl der Bauelemente ist begrenzt. Einfache Entwurfssysteme lassen sich bereits auf kleinen Rechnern realisieren. Probleme treten vor allem bei sehr großen Schaltungen mit hoher Dichte bzw. bei mehr als zwei Verdrahtungsebenen auf.
Wie sehr derartige Systeme allerdings speziell auf die Leiterplattentechnologie zugeschnitten sind, zeigen die Schwierigkeiten, die z.T. bei der

Erweiterung zur Verarbeitung neuer Elemente wie SMDs (Sourface Mounted Devices) auftreten. Ähnliche Probleme zeigen sich bei dem Versuch, Leiterplattensysteme beim Hybridschaltungsentwurf einzusetzen.

Der Entwurf **integrierter Schaltungen** war seit Aufkommen dieser Technologie ohne maschinelle Entwurfshilfen nicht möglich. In der einfachsten Form werden kleine Schaltungteile von Hand skizziert und mit Hilfe einer Digitalisierungvorrichtung in maschineninterne Darstellung umgesetzt. Im Rechner wird dann das Gesamtbild zusammengefügt, überarbeitet und die Daten zur Maskenfertigung werden geeignet bereitgestellt. Das Layout kann ebenso direkt an einem interaktiven Graphikarbeitsplatz eingegeben und von Hand modifiziert werden. Auf diese Weise werden heute gerade die kompliziertesten und dichtesten Schaltungen entworfen. Der Schaltungsentwickler wird dabei von mächtigen Werkzeugen unterstützt, die Schaltungssimulation, Entwurfsregelprüfung, Prüfung auf Einhaltung elektrischer Regeln, Schaltungsextraktion, Netzlistenvergleich, Parameterextraktion usw. vornehmen. Diese Werkzeuge liefern in erster Linie eine Schaltungsverifikation, d.h. eine Analyse der eingegebenen Schaltung und Aussagen darüber, ob der Entwurf fehlerfrei ist.

Im Gegensatz dazu werden auch Verfahren zur automatischen Schaltungssynthese entwickelt, die ausgehend vom Schaltplan oder gar von einer algorithmischen Beschreibung des Schaltungsaufbaus oder des Schaltungsverhaltens die zur Realisierung erforderlichen Strukturen erzeugen. Die Resultate, die derartige Entwurfssysteme (z.B. sog. Silicon-Compiler) [5-8] liefern, sind allerdings um einiges größer als entsprechende "manuelle" Entwürfe, bei denen so schwer automatisierbare Eigenschaften wie Erfindergeist, Überblick und Erfahrung eine Rolle spielen. Bessere und akzeptablere Ergebnisse liefern automatische Schaltplanumsetzer, sofern für die Realisierung bereits eingeschränkte, standardisierte Entwurfskonzepte vorgesehen sind, wie z.B. für PLAs, Gate-Arrays oder Standardzellen. Beim Einsatz derartiger regulärer Strukturen und vorgefertigter Grundzellen liegt der Vorteil vor allem in der Möglichkeit, verhältnismäßig schnell eine kundenspezifische (oder auch anwendungsspezifische) Schaltung erzeugen zu können. Auch hier ergibt sich als Nachteil eine meist nicht optimale Flächennutzung.
Trotz solcher Hilfen findet sich bei großen Schaltungen stets ein Teil, der als sog. "random"-Logik von Hand zu konzipieren bleibt. Einen Versuch, die Kreativität des Designers zu nutzen, ohne ihm die mühsame

Arbeit des detaillierten Layoutentwurfes aufzubürden, stellt das Konzept des symbolischen Entwurfes dar. Hier wird eine manuell entworfene "Strichzeichnung", ein sog. STICK-Diagramm automatisch in die flächige Darstellung der Masken umgesetzt. Ein großer Gewinn wird sich allerdings erst dann ergeben, wenn bei der Umsetzung mit sog. Spacern oder Kompaktierern ein ebenso dichtes Layout entsteht, wie es der Entwickler von Hand liefern würde. Vielleicht werden die Silicon-Compiler oder Silicon-Assembler mit Hilfe von Konzepten der künstlichen Intelligenz einmal in der Lage sein, dieses Ziel zu erreichen.

Im Vergleich zu den oben beschriebenen Techniken ist die Rechnerunterstützung auf dem Gebiet des **Hybrid-Layoutentwurfes** noch wenig ausgereift. Die Gründe hierfür liegen sicher nicht nur in der schwierigen Entwurfsaufgabe selbst, sondern auch an dem zwar wachsenden aber bislang noch kleinen Markt, der hier an automatischen Systemen interessiert gewesen wäre. Bei oft kleinen Stückzahlen muß der Entwicklungsaufwand gering bleiben und daher sind die hohen Investitionskosten für eine CAD-Anlage selten zu rechtfertigen, zumal die bekannten Systeme die gestellte Aufgabe nicht zufriedenstellend lösen.

So ist festzustellen, daß trotz hochentwickelter Werkzeuge für den Entwurf von Leiterplatten und integrierten Schaltungen, die meisten Hybridschaltungen noch von Hand berechnet, entworfen und in die Maskenvorlagen umgesetzt werden. Einer Automatisierung stehen offensichtlich zwei Dinge im Wege:

-- Die vielfältigen Möglichkeiten und Freiheitsgrade die diese Technik bietet, können beim manuellen Entwurf uneingeschränkt genutzt werden, lassen sich aber nur schwer formalisieren und in ein automatisches System integrieren.

-- Die stark technologiebezogenen Entwurfsparameter, die zudem je nach Produktionsbedingungen und Schaltung unterschiedlich sein können, erfordern beim Entwurf eine große Erfahrung, die wiederum nur schwer erfaßbar und algorithmisch formulierbar ist.

Zur Lösung des Entwurfsproblems in der Hybridschaltungstechnik sind unterschiedliche theoretische Ansätze in der Literatur zu finden [9-11, 13,17,19-24,26]. Sie behandeln allerdings meist nur Teilaspekte oder basieren auf Vorgehensweisen, die für Leiterplatten oder integrierte

Schaltungen entwickelt wurden. Die speziellen Probleme der Hybridtechnik werden daher oft nur unbefriedigend gelöst.

Im folgenden sollen die wichtigsten, der bis jetzt bekannten Lösungsansätze kurz vorgestellt und diskutiert werden.

In einer der ersten Arbeiten, die sich speziell mit dem Layoutentwurf hybrider Schichtschaltungen befassen, wird von **Zibert** [9,10] 1974 ein Lösungsverfahren sowohl für den topologischen wie auch für den geometrischen Entwurf vorgestellt. Hier wird zunächst der Schaltplan in einen topologischen Graphen abgebildet, der dann unter Ausnutzung technogischer Freiheitsgrade (Leiterbahnen dürfen z.B. manche Hybridelemente kreuzen) planarisiert werden soll. Wie in [11] ausführlich diskutiert wird, lassen sich mit dem Verfahren "leicht" nichtplanare Schaltungsgraphen erfolgreich behandeln. Der vorgeschlagene geometrische Entwurf modelliert eine Anordnung von disjunkten Rechtecken in der Ebene durch zwei zueinander duale, polare und gewichtete Graphen [12]. Die Anordnung läßt sich bezüglich der minimalen äußeren Abmessungen optimieren, indem unter Beibehaltung der lokalen Nachbarschaften Elemente gedreht, geschoben oder geklappt werden, was durch Ändern der Kantengewichte in den Graphen vorgenommen wird. Diese Optimierungsaufgabe wird sehr elegant gelöst, doch zeigt sich, daß für die Einbettung einer realistischen Schaltung zusätzliche Bedingungen zu berücksichtigen sind. Der für eine Verdrahtung erforderliche Platzbedarf kann allenfalls als Zuschlag zur Fläche der Bauelemente-Rechtecke vorgesehen werden. Da jedoch die Fläche, die von den Bauelementen beansprucht wird, etwa 25% bis 50% der Gesamtfläche ausmacht, wird zu einer günstigen Anordnung dieser Elemente die Fläche und Lage der erforderlichen Leiterbahnen nicht unwesentlich sein.

Ein automatisches System zum Entwurf großer "digitaler" Hybridschaltungen wird 1977 von **Beke** [13] vorgestellt. Es beinhaltet die Partitionierung, Plazierung und Verdrahtung von einfachen ICs. Die Verfahren sind stark an jene des Standardzellen-Entwurfs angelehnt und eignen sich vor allem für die Manipulation rechteckiger Bauelemente gleicher Größe, die auf einem Gitter angeordnet werden. Eine beliebige Anfangsplazierung wird durch paarweises Vertauschen von Elementen (aufgrund von Anziehungskräften entsprechend der Vernetzung) optimiert. Die Verdrahtung erfolgt iterativ (branch and bound) in horizontalen und vertikalen Kanälen. Typische Hybridelemente wie vor allem Widerstände oder SMDs sind bei diesem System nicht vorgesehen und könnten nur über eine sehr grobe Modellierung in das erforderliche Schema einbezogen werden.

van der Leeden [11] schlägt 1979 einen völlig neuen Weg zur Planarisierung und damit zur Lösung des topologischen Layoutproblems vor. Mit einer einfachen wie sinnvollen Darstellung des Schaltungsgraphen gelingt es ihm, die Restriktionen und Freiheiten der Hybridtechnik geeignet zu modellieren. Auf dieser Basis läßt sich die an sich NP-complete [14,15], explizite Enumeration aller theoretisch in Frage kommenden Lösungen reduzieren und mit einem "depth-first-search" Verfahren [16] implizit durchführen. Für kleinere Schaltungen, die einlagig zu realisieren sind, kann damit eine ebene Einbettung der Leiterbahnführung gefunden werden. Für kompliziertere Aufgabenstellungen, die möglicherweise einen "intelligenten" Eingriff in Form einer zusätzlichen Brücke erfordern, erweisen sich jedoch menschliche Übersicht und Kombinationsgabe in jedem Fall als überlegen. Die vom Rechner ermittelte Topologie gibt auch noch keine ausreichenden Hinweise auf eine geeignete Plazierung der Elemente, d.h. die geometrische Anordnung sowie die Umsetzung der Topologie in eine Verdrahtung zwischen den Elementen muß hier noch von Hand erfolgen.
Es wird deutlich, daß für mehrlagige Schaltungen ein anderer Weg gewählt werden muß, der Plazierung und Verdrahtung unter Berücksichtigung der gegenseitigen Wechselwirkungen der beschriebenen Teilaufgaben löst.

Einen Ansatz, der sehr gut die technologischen Gegebenheiten der Hybridtechnik berücksichtigt, stellt **Sims** [17] 1979 vor. Auch hier werden automatische Komponenten zur Plazierung und Verdrahtung angeführt, die jedoch aufgrund der schlechten Ergebnisse nicht eingesetzt werden. Die Autoren geben an, daß ein für MOS-Technologie entworfenes Plazierungsverfahren infolge der unterschiedlichen "Zellenhöhe" der Hybridelemente keine gute Plazierungsdichte erreicht. Auch die automatische Verdrahtung mit einem Liniensuchverfahren [18] konnte die Aufgabenstellung nur unbefriedigend lösen. Etwa 40% bis 50% der Verdrahtung müßte von Hand ergänzt werden; daher wird generell eine manuelle Layouterstellung vorgeschlagen und praktiziert. Anhand der vorgeschlagenen Arbeitsweise wird deutlich, daß die Möglichkeiten eines Graphiksystems zur interaktiven Layoutgenerierung sehr wohl gewinnbringend genutzt werden, daß aber eine direkte Anwendung von Algorithmen und Verfahren, die für andere technologische Bedingungen konzipiert worden sind, nicht zum Erfolg führt.

Auch **Hurt** [19] bzw. **Miller** [20] nützen lediglich die interaktiven Möglichkeiten eines Zeichensystems um den geometrischen Layoutentwurf durchzufüren. Allerdings wird hier zum ersten Mal auch zur Berechnung der einzelnen Hybridschaltungskomponenten auf die Möglichkeiten der Rechnerunterstützung zurückgegriffen. Widerstände mit einfachen Grundformen (Rechteck, Mäander, Top-Hat) werden so automatisch entworfen. Dabei wird auch eine Berücksichtigung der Längen- und Breitenabhängigkeit des Flächenwiderstandes über experimentell ermittelte Korrekturfaktoren angedeutet. Auch Kapazitäten und integrierte Induktivitäten lassen sich berechnen und als fertige Module in das Layout übernehmen. Der Entwurf selbst erfolgt rein interaktiv, allerdings sind Routinen zur Analyse des thermischen Verhaltens, der Potentialfeldverteilung und der parasitären Kapazitäten angeführt. Das Zeichnen komplexer Schaltungen wird mit diesem System einen großen Aufwand erfordern, zumal keinerlei automatische Unterstützung zum Entwurf und zur Prüfung der geometrischen Anordnung vorhanden ist.

Shiraishi et al [21] beschreiben 1980 das Entwurfssystem, das bei FUJITSU eingesetzt wird. Hier wird - ohne detaillierte Angaben - ein Gesamtsystem vorgestellt, das ebenfalls einen (allerdings sehr einfachen) Widerstandsentwurf beinhaltet. Der Entwurf bleibt rein interaktiv, ohne Plazierungs- oder Verdrahtungshilfen.
Interessant ist die hier erstmalig vorgestellte Option einer "on-line" Entwurfsregelprüfung (auf Einhaltung von Mindestabstandsforderungen), die zu nahe beieinanderliegende Flächen automatisch beschneidet. Allerdings lassen sich hiermit nur einfache Strukturen mit achsenparallelen Kanten bearbeiten.

Ein "Hybrid"-System auch in Bezug auf die verwendeten Komponenten, stellt **Ferraris** [22] 1981 vor. Hier wird der Versuch unternommen, automatische Plazierungs- und Verdrahtungsverfahren eines Multilayer PCB-Systems auf Hybridschaltungen anzuwenden. Die nachfolgende Maskengenerierung wird nach Umsetzung der Daten auf ein CALMA VLSI-System dort erledigt. Die diesem Ansatz inhärenten Probleme treten offen zutage: die speziellen Formen der Hybridelemente entziehen sich einer Plazierungsoptimierung, die auf dem paarweisen Vertauschen gleichgroßer Komponenten basiert. Als Lösung wird auch hier der Weg des interaktiven Entwurfs angegeben. Interessant ist bei dem vorgestellten System neben dem auch hier vorgesehenen automatischen Widerstandsentwurf mit Berücksichtigung einer

Längenabhängigkeit, eine Abschätzung der Ausbeute. Über die Punktesumme der "Schwierigkeit" (jeweils im Bereich von 1 bis 3) der einzelnen Ebenen wird die Anzahl der zu erwartenden Produktionsausfälle vorhergesagt. Insgesamt werden auch hier die Schwierigkeiten des Einsatzes eines nicht dedizierten Systems deutlich.

Ganz im Gegensatz zu den interaktiven Systemen steht der Vorschlag von **Smith** [23], der eine vollkommen automatische Layoutgenerierung, ausgehend von Netzliste, Elementebeschreibung und nicht näher spezifizierten Optionen beinhaltet. Sofern beliebig viele Ebenen zur Verfügung stehen, wird stets eine 100%-ige Verdrahtung der Module erreicht. Die Schaltungsbeispiele zeigen, daß damit sehr gut Mehrlagenverdrahtung zu realisieren ist, allerdings lassen sich (vor allem wegen des Fehlens typischer Schichtelemente wie Widerstände) keine allgemeinen Hybridschaltungen generieren.

Die Vorteile einer symbolischen Layoutbeschreibungssprache (LAP) nützt **Heidner** [24] 1981 für den Hybridentwurf. Mit Hilfe einer Bibliothek von Prozedur-Modulen kann in sehr kompakter Weise ein hierarchisch konzipierter Entwurf formal beschrieben werden. Außerdem lassen sich einmal definierte Teile beliebig oft im Bild einsetzen. Die Sprache, ursprünglich am California Institute of Technology für VLSI-Schaltungen entwickelt, wird mit einem Compiler in das ebenfalls dort entwickelte und an Hochschulen weit verbreitete CIF-Format [25] umgesetzt. Mit der verwendeten Sprache werden lediglich geometrische Grundstrukturen (Rechtecke und Leitungen) erfaßt, ohne jeden Bezug auf ihre elektrische oder bauteilspezifische Bedeutung. Bei Ausnützung einer relativen Adressierung lassen sich Modifikationen in der Anordnung der Elemente leicht vornehmen. Die Beschreibung des Layouts über Programm-Prozeduren stellt allerdings hohe Anforderungen an den Schaltungsentwerfer, der seine Vorgehensweise grundlegend umstellen muß. Erst nach einem mehrstufigen Umsetzungsprozeß können an einem Zeichengerät die Auswirkungen der symbolischen Sprachanweisungen überprüft werden.
Als Vorteil ist anzusehen, daß die für den Entwurf integrierter Schaltungen vorhandenen Nachbearbeitungsroutinen (einfache geometrische Entwurfsregelprüfung rechtwinkeliger Strukturen) und die maschinelle Maskengenerierung genutzt werden können. Zum Einsatz für Hybridschaltungen sind allerdings noch einige Erweiterungen (so z.B. die Verarbeitung von mehr als 6 Ebenen) erforderlich.

Pacha [26] diskutiert eingehend die Probleme, die sich beim Hybridlayoutentwurf ergeben, sofern ein Ansatz gewählt wird, der nicht ursprünglich für diese Technik entwickelt wurde. So kommt er zu dem Schluß, daß die getrennte und sequentiell vorgenommene Plazierung und Verdrahtung vom Konzept her nachteilig ist, da sie der besonderen Verflechtung dieser beiden Schritte nicht gerecht wird. Er führt an Beispielen aus, daß ein reines Leiterplatten- bzw. LSI-System nicht geeignet ist, die Entwurfsaufgabe der Hybridtechnik zu lösen und versucht, diesen Nachteil durch eine Mischung verschiedener z.T. kommerzieller Systeme aufzuheben. Zunächst löst er den topologischen Entwurf mit der Modellierung des Schaltplans wie sie van der Leeden [11] entwickelt hat, läßt jedoch die Planarisierung interaktiv vom Designer am Bildschirm ausführen. Entsprechend der gefundenen Topologie wird, wiederum interaktiv, ein Stick-Diagramm angefertigt, das ein der Struktur nach richtiges Layout darstellt. Es sind dabei weder die Dimensionen der Elemente zu erkennen, noch sind feste Abstandsforderungen einzuhalten. Erst in einem nachgeschalteten, automatischen Prozeß wird von einem sog. "SPACING"-Algorithmus [27] die tatsächliche geometrische Einbettung vorgenommen und die Strichzeichnung in ein geometrisches Maskenlayout umgesetzt. Dabei wird durch einfaches Zusammenschieben bis auf die Mindestabstände (abwechselnd in X- und Y-Richtung) eine möglichst kompakte Form gefunden. Der hier verwendete SPACER verarbeitet jedoch noch kein flächenmäßig vorgegebenes Hybridlayout. Da hier außerdem ein (noch in der Entwicklung befindliches) System für den LSI-Entwurf verwendet wird, können wiederum die besonderen Anforderungen der Hybridschaltungstechnik nur bedingt erfüllt werden. Eine Erweiterung auf mehr als eine Verdrahtungsebene und ein technologiebezogener Elementeentwurf wären hilfreich.
Für den Designer stellt der Entwurf einer Schaltung mit einer Strichzeichnung eine starke Abstraktion dar, da in der Hybridtechnik der Platz für die Leiterbahnen in die Größenordnung der Bauelemente reicht. Aufgrund des automatischen Verdichtungsverfahrens können hier nur orthogonale Strukturen erzeugt werden, die auch der Entwickler nicht mehr von Hand nachbearbeiten kann.

Zusammenfassend ist zu dieser Bestandsaufnahme bekannter Verfahren und implementierter Algorithmen zu bemerken, daß viele Teillösungen existieren, aber noch keine umfassenden Lösungsansätze realisiert worden sind. Es ist deutlich geworden, daß dedizierte Systeme, d.h. auf die besonderen Anforderungen der Technologie bezogene Vorgehensweisen erforderlich sein werden. Wie in [28,29] deutlich wird, sind derartige Systeme jedoch heute noch nicht verfügbar.

1.4 Zielsetzung und Gliederung des Buches

Ausgehend von den aus der Literatur bekannten Lösungsansätzen und auf der Grundlage eigener Forschungsarbeiten und Erfahrungen in einem Hybridlabor wird in diesem Buch versucht, für alle Stufen des Hybrid-Layoutentwurfes Algorithmen und Vorgehensweisen anzugeben, die geeignet sind, die bislang mühsame Entwurfstätigkeit einer Rechnerunterstützung zugänglich zu machen.

Zunächst sollen die Möglichkeiten und Grenzen einer vollautomatischen Layout-Synthese diskutiert werden, die allerdings heute noch keine befriedigende Lösung bietet.

Aus der Erkenntnis heraus, daß bei dieser Entwurfsaufgabe der Designer nicht ersetzt, wohl aber durch ein Instrumentarium mächtiger Werkzeuge unterstützt werden kann, werden für die folgenden Arbeitsschritte Lösungen aufgezeigt:

-- Für den **Elementeentwurf** wird beschrieben, wie integrierte Schichtelemente möglichst exakt berechnet werden können. Es wird aufgezeigt, in welcher Weise die technologisch bedingten Abweichungen vom theoretisch zu erwartenden Verhalten systematisch erfaßt, in einem Datenbanksystem gespeichert und beim Entwurf berücksichtigt werden können. Dabei werden alle, für eine genaue Widerstandsberechnung erforderlichen technologischen Entwurfsparameter behandelt.

-- Die notwendigen Grundlagen für den vorgesehenen **interaktiven Entwurf** werden vor allem im Hinblick auf die zur geeigneten rechnerinternen Darstellung der geometrischen Objekte erforderlichen Datenstrukturen entwickelt.
Dies geschieht unter besonderer Berücksichtigung geschickter Zugriffs- und Manipulationsmöglichkeiten für die gespeicherten Elemente, wie sie typisch bei Hybridlayouts auftreten.

-- Für die **Verdrahtungsphase** in der Layouterstellung wird ein neuer Weg aufgezeigt: Es wird eine geschickte Modellierung des bearbeiteten Layoutbereiches eingeführt, die es ermöglicht, bei interaktiven

Eingriffen die bestehende Leiterbahnführung nachzuziehen bzw. automatisch zu vollenden.
Für Schaltungen, bei denen die Hybridtechnologie vor allem als Verdrahtungstechnik eingesetzt werden soll, wird gezeigt, wie - aufbauend auf bekannten Verdrahtungsverfahren - eine automatische Verdrahtung für das gesamte Layout erreicht werden kann.

-- Als einer der Kernpunkte des zugrundegelegten Konzepts einer Rechnerunterstützung wird eine neue Lösung zur automatischen **Entwurfsregelprüfung** speziell für die Aufgabenstellung in der Hybridtechnik beschrieben. Nicht nur achsenparallele Strukturen, sondern Kanten mit beliebigem Winkel sollen verarbeitet werden. Ein neuer Abtastalgorithmus wird eingesetzt, um beliebige logische Operationen auf einzelne Maskenebenen anzuwenden. Kombiniert mit geometrischen Maskenoperationen soll ein Layout auf die Einhaltung aller relevanten geometrischen Entwurfsregeln überprüft werden können.

-- Als eine weitere Möglichkeit, wie die Kreativität des erfahrenen Designers ideal mit der Unterstützung eines Rechners gekoppelt werden kann, wird eine **Kompaktierung** auf Hybrid-Maskenlayouts vorgestellt. Ein von Hand vorgegebenes Maskenlayout soll mit Hilfe eindimensionaler Kompaktierungsschritte optimiert bzw. fehlerfrei und flächenminimal ausgelegt werden.
Dazu werden neue Wege aufgezeigt, wie die besonderen Abstandsforderungen der Hybridtechnik geeignet erfaßt und zur Lösung mit bekannten Kompaktierungsverfahren aufbereitet werden müssen. Darüberhinaus werden erstmalig Erweiterungsmöglichkeiten zur Kompaktierung beliebiger schiefwinkeliger Strukturen angegeben.

-- Nach dieser Behandlung der verschiedenen Möglichkeiten und Grade einer Automatisierung bei der Layouterstellung wird diskutiert, mit welchen Verfahren ein im Rechner erzeugtes Bild zur Generierung der **Maskenvorlagen** aufbereitet und schließlich ausgegeben werden kann. Durch den Rechnereinsatz läßt sich auch an dieser Stelle eine deutliche Arbeitsersparnis erzielen.

Die Effizienz des vorgestellten Lösungsweges und der einzelnen entwurfsunterstützenden Werkzeuge wird an Beispielen demonstriert.

Insgesamt sollen in diesem Buch in einer geschlossenen Betrachtungsweise alle, für die Hybridtechnologie relevanten Punkte des Layoutentwurfes behandelt werden.
Mit den hier vorgestellten Algorithmen und Verfahren soll die Grundlage geschaffen werden, um dem Entwurfsingenieur die geeigneten Werkzeuge an die Hand zu geben. Sie sollen ihn in der gewohnten Arbeitsweise nicht einschränken und ihn seine Erfahrung und Kreativität nutzen lassen, ihn aber bei mühsamen und fehlerträchtigen Arbeiten unterstützen.

2 Rechnerunterstützung beim Elemententwurf

Bevor die Maskenvorlagen einer Schaltung erstellt werden können - sei es nun manuell oder mit Rechnerunterstützung - sind in einem vorgeschalteten Arbeitsschritt die einzelnen in der Schaltung enthaltenen Grundelemente als geometrische Figuren zu entwerfen (vgl. Bild 1.1). Besondere Bedeutung kommt dabei den in der Schichttechnik integrierten Bauelementen zu. Ihre Eigenschaften lassen sich beim Entwurf durch entsprechende Berücksichtigung technologischer Bedingungen in z.T. weiten Grenzen beeinflussen.

2.1 Widerstandsentwurf

Auch wenn beim Widerstandsentwurf vor allem technologische Erfahrung wichtig ist, kann die Dimensionierung mit Hilfe eines Rechners schneller und sicherer erfolgen. Eine wesentliche Verbesserung im Vergleich zu den sonst üblichen Widerstandsberechnungen, läßt sich mit der im weiteren beschriebenen Berücksichtigung verschiedenster technologischer Einflüsse auf das Widerstandsverhalten erreichen. Als Grundlage für die genaue Berechnung der Geometrieabhängigkeit z.B. des Flächenwiderstandes dient eine systematische Prozeßdatenerfassung und Auswertung.
Um die beim Abgleich erreichbare Widerstandsgenauigkeit vorhersagen zu können, wird eine Trimmschnittsimulation durchgeführt. Je nach Widerstandsform kann mittels Netzwerkanalyse oder konformer Abbildung die Trimmcharakteristik berechnet werden. Sie dient dazu, einen Widerstand beim Entwurf auf die richtige Abgleichgenauigkeit hin auszulegen.

2.1.1 Grundlagen

Ein Dickschichtwiderstand besteht aus einer Schicht metalloxidhaltigen Materials (z.B RuO_2) des spezifischen Widerstandes ρ und der Höhe H zwischen zwei Kontakten (z.B. Ag/Pd), wie es idealisiert in Bild 2.1 dargestellt ist.

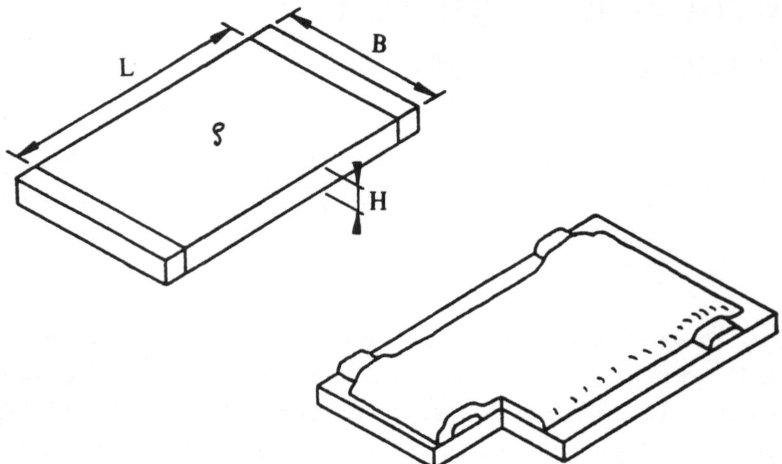

Bild 2.1: Idealer und realer Dickschichtwiderstand

Der zwischen den beiden Leiterbahnen zu messende ohmsche Widerstand berechnet sich zu:

$$R = \rho \frac{L}{H\,B} \tag{2.1}$$

In erster Näherung seien spezifischer Widerstand ρ und Schichtdicke H konstant und als sog. Flächenwiderstand $R_F = \rho / H$ zusammengefaßt. Damit ist der Widerstandswert nur vom Streckungsverhältnis L / B abhängig.

$$R = R_F \frac{L}{B} \tag{2.2}$$

Widerstandspasten sind mit Flächenwiderständen von 1 Ω bis 100 MΩ in meist dekadischer Stufung erhältlich. Zwischenwerte können durch Mischen erreicht werden. Aus fertigungstechnischen Gründen (Mindestabmessungen, Positioniertoleranz, Abgleich) sollte das Streckungsverhältnis zwischen 10 und 0,2 liegen. Somit kann mit geeigneter Wahl des Flächenwiderstandes jeder gewünschte Widerstands-Sollwert R_S erreicht werden.

Aufgrund des Fertigungsverfahrens schwanken die Widerstandswerte jedoch nach dem Brennvorgang mit einer Streubreite S (üblich etwa S = ± 20%) um den berechneten Entwurfswert R_E. Bild 2.2 zeigt eine typische Häufigkeitsverteilung dieses "Anfangswertes" R_0 (Widerstand vor dem Trimmvorgang). Zusätzlich zu den durch den Herstellungsprozeß verursachten Schwankungen müssen bei der Berechnung von R_E die Toleranzen bei der Pastennachbestellung berücksichtigt werden.

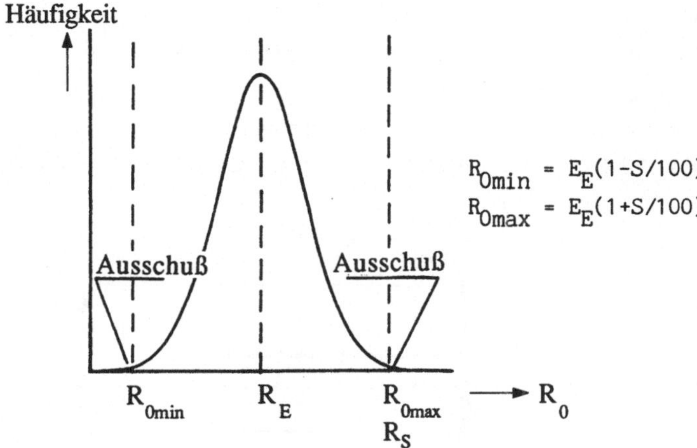

Bild 2.2: Häufigkeitsverteilung der Widerstandswerte vor dem Trimmen beim seitenkontaktierten Widerstand

Sofern der gewünschte Widerstandwert R den Sollwert R_S mit einer Genauigkeit $t < S$ nach Gl.(2.3) erreichen soll

$$R = R_S \ (1 \pm t) \tag{2.3}$$

muß ein nachträglicher Widerstandsabgleich, üblicherweise mit einem Laser vorgenommen werden. Beim Abgleich läßt sich durch Verengung der aktiven Widerstandsfläche oder Verlängerung der Stromlinienwege nur eine (irreversible) Widerstandserhöhung erreichen. Daher muß der Entwurfswert unterhalb des Sollwertes R_S liegen. Mit der Streubreite S in % ergibt sich:

$$R_E = \frac{R_S}{1 + S/100} \tag{2.4}$$

Alle Widerstände mit einem Anfangswert R_0 im Bereich $R_E\ (1-S/100) \leq R_0 < R_S$ können den Sollwert in einem Trimmvorgang erreichen. Der maximale Trimmfaktor als Quotient der Widerstandswerte nach und vor dem Abgleich ist hier:

$$t_{max} = \frac{R_S}{R_{0min}} = \frac{100 + S}{100 - S} \tag{2.5}$$

Mit der Möglichkeit, einen Abgleich vorzunehmen, lassen sich Widerstände auch als "Einmal-Potentiometer" zum Funktionsabgleich in einer Schaltung verwenden. Sofern $R_S \in [R_{Smin}, R_{Smax}]$ gefordert ist, werden zur Dimensionierung des Widerstandes auch zwei Entwurfswerte R_{Emin} und R_{Emax} berechnet. R_{Emin} wird nach Gl.(2.4) entsprechend der bekannten Häufigkeitsverteilung unterhalb R_{Smin} festgesetzt.

Zur Diskussion des maximalen Entwurfswertes ist in Bild 2.3 ein Widerstand des Typs "U-Form ohne Dach" mit einem maximalen Trimmschnitt dargestellt.

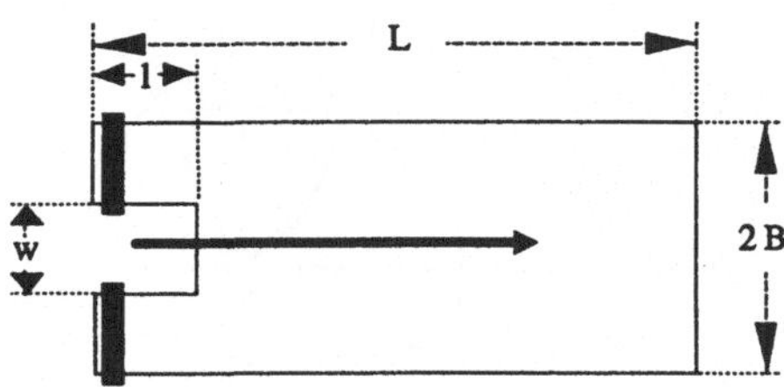

Bild 2.3: U-Form ohne Dach mit Trimmschnitt

Der Trimmschnitt wird bis zu einer Reststegbreite, die gleich der Breite B ist, geführt. Dies gewährleistet einen optimalen Verlauf der Stromlinien im abgeglichenen Zustand. Es treten keine Stromverdichtungspunkte, die zu "hot-spots" führen könnten, auf. Es bedeutet aber auch, daß am Ende des dargestellten Trimmschnitts der gewünschte Sollwert R_{Smax} erreicht sein muß. Für den Fall, daß ein Entwurfswert $R_{Emax} < R_{Smax}$ vorliegt, könnte dieser Sollwert nur durch Fortsetzen des Trimmschnittes über die Reststegbreite B hinaus erreicht werden. Um dies zu vermeiden, muß R_{Emax} größer als der höhere der beiden Sollwerte (R_{Smax}) festgelegt werden.

$$R_{Emax} = R_{Smax} \frac{1}{1-S/100} \tag{2.6}$$

Die hierbei geltende Häufigkeitsverteilung des Widerstandswertes vor dem Trimmen, bzw. bei maximal langem Trimmschnitt zeigt Bild 2.4. Der hier maximal mögliche Trimmfaktor berechnet sich nach Gl.(2.7).

$$t_{max} = \frac{R_{Smax}}{R_{0min}} = \frac{R_{Smax}}{R_{Smin}} \frac{100+S}{100-S} \tag{2.7}$$

Sofern nun der Entwurfswert - je nach Genauigkeitsforderung (Toleranz t) - festgelegt ist, steht nach Gl.(2.2) nur das Streckungsverhältnis L/B fest:

$$\frac{L}{B} = \frac{R_E}{R_F} \tag{2.8}$$

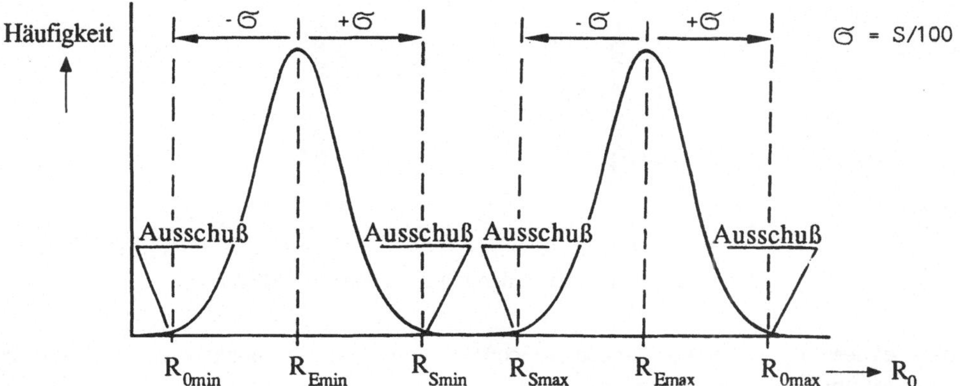

Bild 2.4: Häufigkeitsverteilung der Widerstandswerte vor dem Trimmen

Liegen keine weiteren Forderungen vor, wird die kleinere Kantenlänge entsprechend der geometrischen Mindestabstandsforderungen dimensioniert (typische Werte sind z.B. $L_{min} \geq 0{,}6$ mm, $B_{min} \geq 0{,}8$ mm).
Eine zusätzliche Bestimmungsgleichung läßt sich mit der am Widerstand entstehenden Verlustleistung P (in Watt) aufstellen. Für jede Widerstandspaste kann je nach Art der Kühlung eine spezifische Wärmeabführleistung q im Bereich von 0,1 ... 10,0 W/cm^2 angegeben werden. Bei einer "lokalen" Betrachtung, die davon ausgeht, daß in erster Linie die von Stromlinien durchflossene Widerstandsfläche die Verlustleistung an die Umgebung abgibt, berechnet sich eine minimale Widerstandsfläche A zu:

$$A_{min} = \frac{P}{q} \qquad \text{bzw.} \qquad L\ B \geq \frac{P}{q} \tag{2.9}$$

Bei nicht getrimmten Widerständen lassen sich Schwankungen des Widerstandswertes R_0 (mit Streubreite S) und damit der entstehenden Verlustleistung bei einer festen Spannung U am Widerstand wie folgt berücksichtigen:

$$A_{min} = \frac{U^2}{R_{0min}\ q} = \frac{U^2}{R_E(1-S/100)\ q} \tag{2.10}$$

Bei Widerständen, die genau auf den Sollwert R_S abgeglichen werden, muß in einer "worst-case" Betrachtung die je nach Form unterschiedliche geringste Fläche zugrundegelegt werden. Ein Top-Hat Widerstand (Bild 2.6) wird die kleinste stromdurchflossene (und damit zur Kühlung beitragende) Fläche im ungetrimmten Zustand aufweisen. Bei der seitenkontaktierten Form läßt sich die minimale Fläche (hier nach dem Abgleich) über den maximalen Trimmfaktor abschätzen.

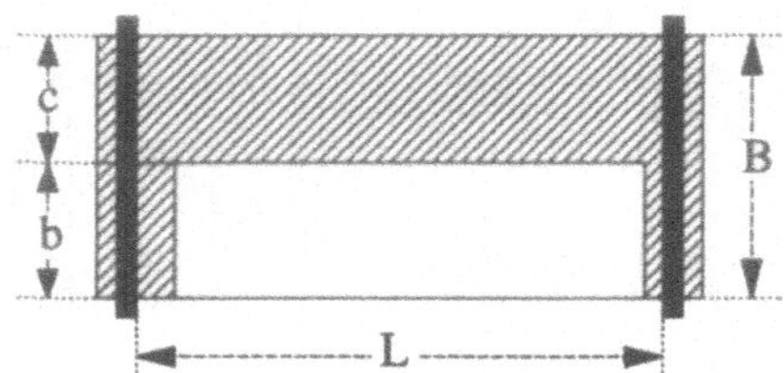

Bild 2.5: Minimale Fläche beim idealen L-Schnitt

Bei einem ideal ausgeführten L-Schnitt der Tiefe b nach Bild 2.5 ergibt sich die Fläche nach Gl.(2.11).

$$A_{min} \leq L\ c \tag{2.11}$$

Für den Widerstand gilt ungetrimmt: $R_0 = R_F \frac{L}{B}$

maximal getrimmt: $R_t = R_F \frac{L}{c}$

mit dem maximalen Trimmfaktor: $t_{max} = \frac{R_t}{R_0} = \frac{B}{c}$.

Damit folgt aus Gl.(2.11) die Forderung für L und B:

$$L\ B \geq t_{max}\ A_{min} \quad \text{bzw.} \quad L\ B \geq t_{max} \frac{P}{q} \tag{2.12, 2.13}$$

Gl.(2.12) besagt, daß die Widerstandsfläche zur Berücksichtigung des Abgleichs um den maximalen Trimmfaktor vergrößert werden muß.

Der hier vorgestellte seitenkontaktierte Widerstand ist die üblicherweise dominierende Form für Dickschichtwiderstände. Mit einem einfach zu steuernden Mittelschnitt sind Trimmfaktoren bis 1,5, mit Schatten- oder L-Cut bis etwa 3, gut zu erreichen. Für Streckungsverhältnisse L/B ≥ 2 und größere Trimmfaktoren kommen auch andere Formen zum Einsatz. Weitere Auswahlkriterien sind Stromrauschen und homogene Stromverteilung, die sich durch Schnitte parallel zu den Stromlinien erreichen läßt.
Eine vergleichende Übersicht zu Einsatz und Trimmverhalten der Sonderformen ist in Bild 2.6 zu sehen (nach [30]).

Trimmform	L/B	max. Trimm-faktor	Trimm-empfind-lichkeit	Langzeit-stabilität	Strom-rau-schen	dynamische Schnitt-steuerung
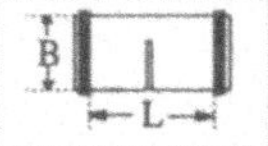	<<1	1,5	groß	gut	hoch	ohne
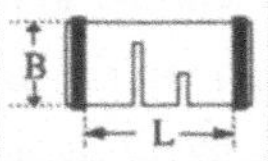	<2	2	klein	gut	hoch	ohne
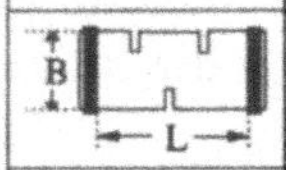	1 - 5	3	groß	befriedigend	hoch	mit
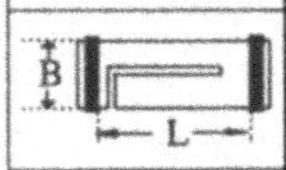	1 - 5	3	mittel	befriedigend	mittel	mit
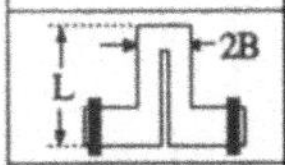	>1	3	mittel	gut	hoch	ohne
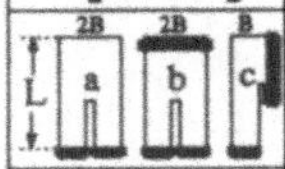	>2	5	mittel	gut	a) mittel b) niedrig c) mittel	ohne
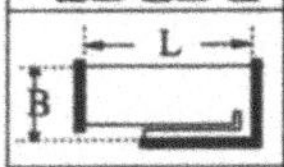	1 - 5	3	mittel	befriedigend	niedrig	ohne
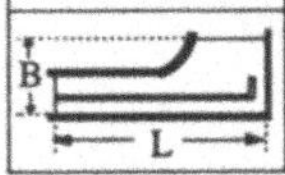	0,1 - 5	10	groß	ausreichend	mittel	ohne

Bild 2.6: Vergleich der gebräuchlichsten Widerstandsformen [30]

Zur Widerstandsberechnung werden die Sonderformen auf die Grundform des seitenkontaktierten Widerstandes zurückgeführt. Bild 2.7 zeigt die zwei dabei auftretenden Grundformen mit den zur Berechnung des Entwurfswertes erforderlichen normierten Widerstandswerten.

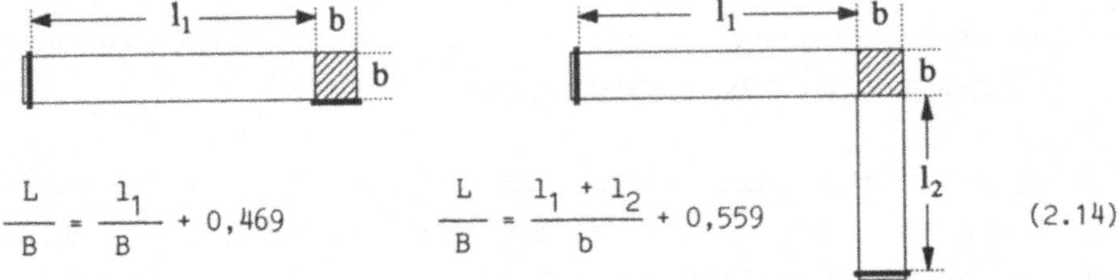

$$\frac{L}{B} = \frac{l_1}{B} + 0{,}469 \qquad \frac{L}{B} = \frac{l_1 + l_2}{b} + 0{,}559 \qquad (2.14)$$

Bild 2.7: Beitrag von Eckflächen zum Streckungsverhältnis

Der normierte Widerstand der Ecken ergibt sich nach [31] zu 0,469 bzw. 0,559 je nachdem, wie weit der nächste Kontakt entfernt liegt. Für die angrenzenden Flächen kann dann näherungsweise eine homogene Stromverteilung angenommen werden. Detaillierte Formeln zur Berechnung der Widerstands-

Sonderformen sind in [37] zu finden. Aus den hier angegebenen Beziehungen lassen sich alle Gleichungen ableiten, um (von Hand oder mit Rechnerunterstützung) die Geometrie von Dickschichtwiderständen zu berechnen, wobei technologisch bedingte Abweichungen hier noch nicht berücksichtigt sind.

Zum Widerstandsentwurf für die **Dünnfilmtechnik** ist eine kurze Erweiterung anzuführen: Die gebräuchlichen Flächenwiderstände variieren hier nur wenig um R_F = 200 Ω/□. Um damit auch Widerstände im kΩ-Bereich realisieren zu können, wird aufgrund der extremen L/B-Verhältnisse die Widerstandsbahn als Mäander ausgelegt (Bild 2.8).

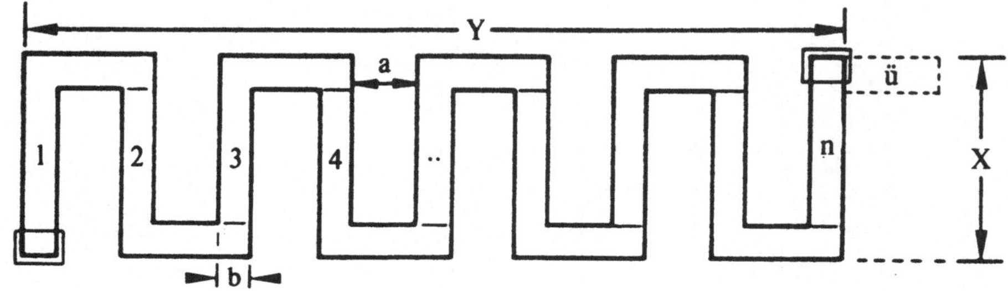

Bild 2.8: Mäanderwiderstand mit n L-Stücken

Im Gegensatz zu den bereits beschriebenen Widerstandsformen läßt sich ein Mäander nur in Sonderfällen mit einer geschlossenen Formel berechnen. Es werden daher folgende Einschränkungen angenommen:

-- Alle Abstände der Widerstandsbahnen sind ebenso wie deren Breiten konstant (Strecke a = b in Bild 2.8).

-- Die Abschlußkontakte liegen an den Ecken der umhüllenden Fläche, entweder diagonal oder symmetrisch einander gegenüber.

Ein so definierter Mäander setzt sich aus n L-Stücken zusammen, wobei der letzte Überstand r_i zugunsten der Kompaktheit des Layouts weggelassen wird. Der gesamte Widerstand berechnet sich nach Gl.(2.15).

$$R_M = n\, R_L - R_Ü \tag{2.15}$$

Mit $r_i = R_i/R_F$ ergeben sich die Teilwiderstände R_L und $R_Ü$ bzw. r_L und $R_Ü$ nach Bild 2.9. Der Beitrag einer Ecke (Bild 2.9) von R_E = 0,5 ist eine Näherung, die in Gl.(2.14) genau angegeben wird.

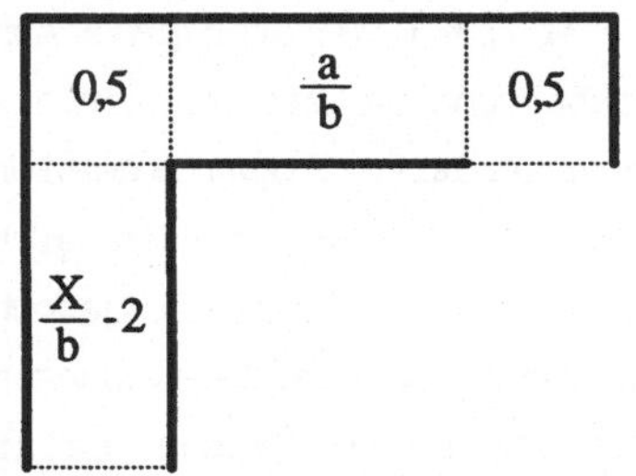

Bild 2.9: Zerlegung der L-Stücke

$$r_L = \frac{X}{b} + \frac{a}{b} - 1 \qquad (2.16)$$

$$r_Ü = \frac{a}{b} + 1 \qquad (2.17)$$

und $$r_M = n \frac{X}{b} + (n-1) \left(\frac{a}{b} - 1\right) \qquad (2.18)$$

Um einen großen Trimmfaktor für den Abgleich zu ermöglichen, können bis zu $n_C \leq n/2$ Schleifen geschlossen werden. Der verbleibende Gesamtwiderstand ist dann vor dem Abgleich:

$$r_{MC} = r_M - n_C \, \Delta r_C \quad \text{mit} \quad \Delta r_C = \frac{X-a}{b} - 3 \qquad (2.19)$$

Für die Verlustleistungsabgabe wird angenommen, daß die gesamte Fläche unter den stromdurchflossenen Schleifen einen Beitrag leistet. Die maximale Verlustleistung ist bei n_C geschlossenen Schleifen:

$$P = A_Q \, q \quad \text{mit} \quad A_Q = X \, Y - 2 \, n_C \, (X-b) \, (a+b) \qquad (2.20)$$

2.1.2 Berücksichtigung technologisch bedingter Abweichungen

Auch bei sorgfältiger Dimensionierung eines Dickschichtwiderstandes nach den im letzen Kapitel angegebenen Formeln, können bei der praktischen Realisierung unerwartete Abweichungen vom gewünschten Verhalten auftreten. Von den möglichen Einflüssen werden im folgenden die Temperaturabhängigkeit und der bislang als konstant angenommene Flächenwiderstand behandelt.

I. Geometrieabhängigkeit des Flächenwiderstandes

Die Messung gedruckter und gebrannter Widerstände zeigt, daß der Flächenwiderstand R_F keineswegs konstant ist, sondern sich in Abhängigkeit von Länge und Breite des Widerstandes ändert. Der üblicherweise angegebene Wert bezieht sich auf einen vom Hersteller definierten Widerstand von bestimmter Schichtdicke und Geometrie.

In der Literatur findet sich erstmals bei Stecher [32] der Versuch, den Einfluß von Länge **und** Breite bei der Widerstandsberechnung mit zu berücksichtigen. Dort wird eine einfache lineare oder quadratische Approximation eingesetzt, um gemessene Werte mit auszuwerten. In [33,34] finden sich kompliziertere Näherungsgleichungen, die das tatsächliche Verhalten jedoch nur bedingt beschreiben (es treten vor allem für große Längen Abweichungen auf). Washburn [35] beschreibt, was in der industriellen Praxis meist noch Stand der Technik ist: das Ermitteln von Korrekturen aus graphisch dargestellten Meßwerten. Erst in [36] wird beschrieben, wie Meßdaten eines Testlayouts systematisch mit einem Rechner verwaltet werden können. Die in der Einleitung beschriebenen CAD-Systeme für den Layoutentwurf nutzen diese theoretischen Erkenntnisse noch nicht ausreichend, sofern überhaupt der Elemententwurf unterstützt wird [19,20,24,26].
Im folgenden soll daher angegeben werden, wie insbesondere die Geometrieabhängigkeit des Flächenwiderstandes mit Hilfe des Rechners berücksichtigt werden kann. Zunächst sei in Bild 2.10 aufgezeigt, welche Ausmaße die Abweichungen annehmen können.

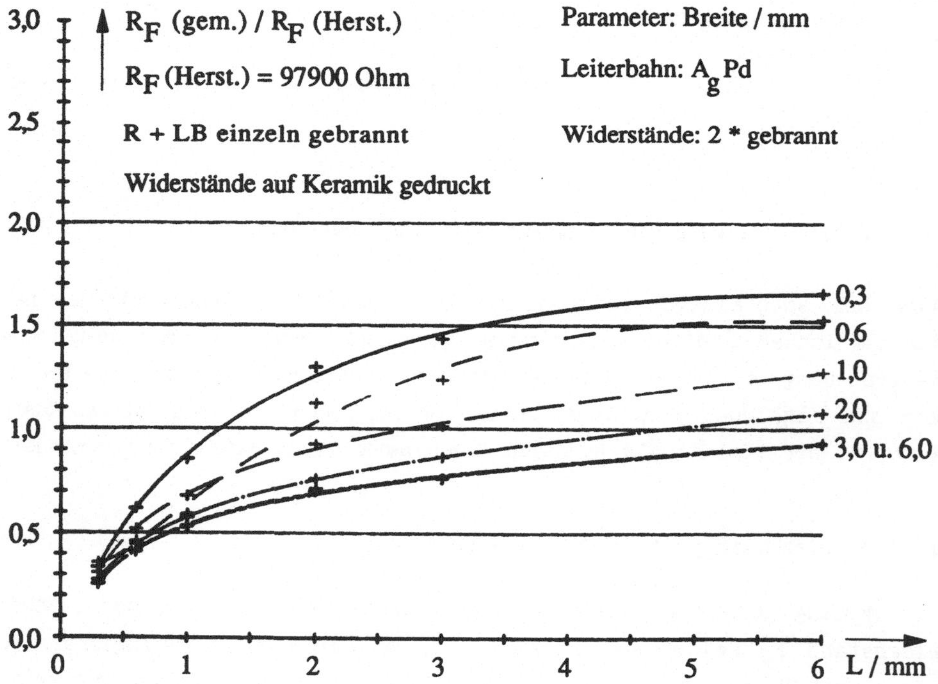

Bild 2.10: Flächenwiderstand R_F = f(L,B) für 100 kΩ-Paste, 2 mal gebrannt
Pastensystem H. R4000B

Bild 2.10 zeigt Kurven des gemessenen Flächenwiderstandes, normiert auf den vom Hersteller angegebenen Wert, in Abhängigkeit von der Länge (als Abszissenwert) mit der Breite als Scharparameter. Der theoretisch angenommene Wert von 1 wird von etwa 1,9 mm langen und 0,6 mm breiten Flächen erreicht, für große und sehr kleine Längen liegen die Meßwerte darüber bzw. darunter. Die stärksten Abweichungen treten für sehr schmale Widerstände auf.

Doch nicht nur die Geometrie verändert den Flächenwiderstand. Weitere miteinzubeziehende Parameter sind die Pastenart, der absolute Flächenwiderstand (1 Ω, 10 Ω, ... 1 MΩ), das zur Kontaktierung verwendete Leiterbahnmaterial, der Untergrund (Keramik, Dielektrikum) sowie die Anzahl der Brennvorgänge, die der Widerstand durchlaufen hat.

Die physikalischen Ursachen sollen anhand von Bild 2.11 erläutert werden.

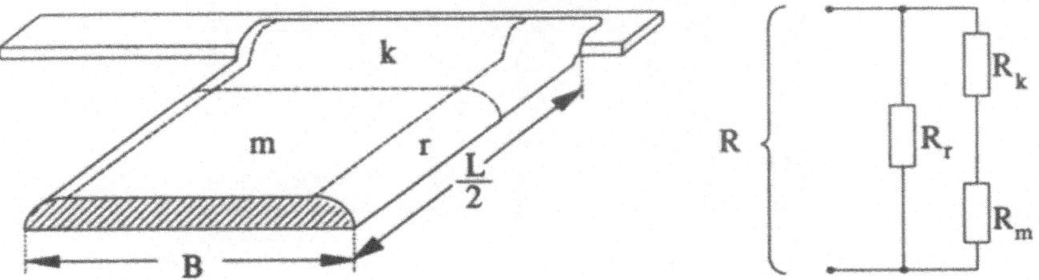

Bild 2.11: Modell eines Dickschichtwiderstandes [37]

Es sind Zonen markiert, die jeweils unterschiedlich zum Gesamtflächenwiderstand beitragen:

-- In der Kontaktzone **k** wird aufgrund der größeren Schichtdicke und durch Diffusion von Leiterbahnmaterial eine Widerstandsverringerung auftreten.

-- Die beim Druck verfließende Randzone **r** wird eine kleinere Dicke und, durch das Trägermaterial beeinflußt, einen höheren Widerstand aufweisen.

-- Nur in der Mittelzone **m** ist mit relativ homogenem Material der Widerstandspaste zu rechnen.

Das Gesamtverhalten läßt sich durch eine Ersatzschaltung (Bild 2.11) beschreiben. Je nach dem relativen Anteil der einzelnen Zonen am Gesamtwiderstand (Geometrie) sowie den verwendeten Materialien (Paste, Leiterbahn) und dem Herstellungsverfahren (Anzahl der Brände) werden sich die widerstandserhöhenden oder -erniedrigenden Effekte unterschiedlich bemerkbar machen.

Um beim rechnergestützten Widerstandsentwurf diese Abweichungen richtig einbeziehen zu können, ist zunächst eine Datenbank von Meßwerten anzulegen. Mittels eines Testsubstrats (Bild 2.12) das 36 Widerstände mit allen Kombinationen der Kantenlängen 0,3, 0,6, 1,0, 3,0 und 6,0 mm enthält, wird der Einfluß der Widerstandsgeometrie erfaßt.

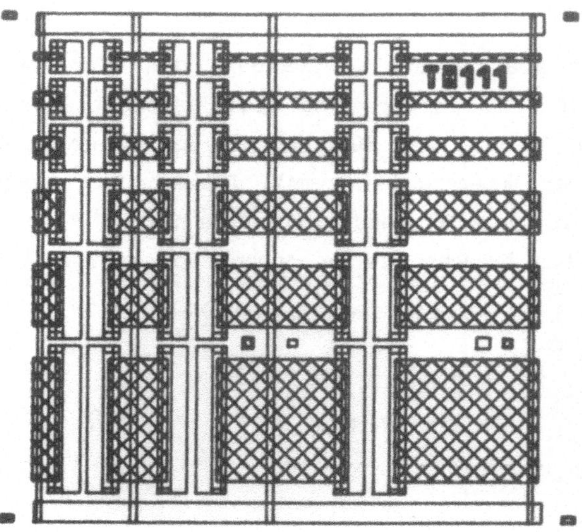

Bild 2.12: Testsubstrat mit 36 Dickschicht-Widerständen zur Erfassung von Geometrieabhängigkeiten

Zur Berücksichtigung der anderen Faktoren sind für jede sinnvolle Kombination von Pastenart, Flächenwiderstandswert, Substrat, Leiterbahnmaterial und Anzahl der Widerstandsbrände Testsubstrate zu fertigen und zu messen. Das in [36] beschriebene Datenbanksystem erlaubt einen anwenderbezogenen Zugriff auf derartig gesammelte Daten, indem die technologischen Parameter erfragt werden und - umcodiert - als Zugriffsschlüssel auf den einzelnen Datensatz passen. Zu speichern sind jeweils die auf den Hersteller - Flächenwiderstandswert normierten, gemittelten Meßwerte mit der Anzahl der durchgeführten Messungen. So lassen sich jederzeit zusätzliche Messungen vornehmen und richtig gewichtet mit einbeziehen.

Die Meßdaten stellen die Stützwerte dar, durch die eine approximierende Funktion (siehe 2.1.3) ermittelt wird, mit der für jede Länge und Breite (bei den jeweils spezifizierten Fertigungsparametern) der genaue Flächenwiderstand $R_F = f(L,B)$ berechnet werden kann.

Die iterative Ermittlung der genauen Widerstandsgeometrie gliedert sich in folgende Schritte: Aufgrund des geforderten Entwurfswertes R_E und des vom

Hersteller spezifizierten Flächenwiderstandes R_{F0} werden die Abmessungen L_0 und B_0 nach Gl.(2.8) und (2.9) berechnet. Über die Approximation der Meßdaten folgt der sich tatsächlich bei L_0 und B_0 einstellende Flächenwert R_{F1}, mit dem wiederum neue Werte von L und B zu ermitteln sind. Diese in Gl.(2.21) dargestellte Iteration kann meist nach 2 Stufen mit ausreichender Genauigkeit abgebrochen werden.

$$R_E \xrightarrow{R_{F0}} L_0, B_0 \downarrow R_{F1} \qquad R_E \xrightarrow{R_{F1}} L_1, B_1 \downarrow R_{F2}$$

Abbruch, wenn $|R_{Fi+1} - R_{Fi}| \leq \varepsilon$

$$R_{F1} = f(L_0, B_0) \qquad (2.21)$$

$$R_{F2} = f(L_1, B_1)$$

Gl. 2.21: Iterative Widerstandsberechnung mit $R_F = f(L,B)$

II. Temperaturkoeffizient

Eine weitere technologisch bedingte Abweichung eines Widerstandes vom theoretisch berechneten Wert wird durch das Temperaturverhalten verursacht. Aufgrund der miniaturisierten Strukturen von Dickschichtschaltungen treten z.T. sehr hohe Verlustleistungsdichten auf. Neben der Eigenerwärmung können auch Schwankungen der Umgebungstemperatur Widerstandsfehler verursachen. Dieser Effekt, der zu Widerstandsschwankungen im Prozentbereich führen kann, ist bei Leistungs- und Meßschaltungen nicht zu vernachlässigen. Alle Bemühungen, mit Hilfe des Laserabgleichs eine hohe Genauigkeit zu erreichen (z.B. < 0,3%) würden durch ein ungünstiges thermisches Verhalten zunichte gemacht. Es ist daher wichtig, das Temperaturverhalten von Widerständen systematisch zu erforschen, um beim Entwurf Vorhersagen machen zu können, bzw. die Elemente auf eine bestimmte Charakteristik hin auszulegen.

In kleinen Bereichen um eine feste Temperatur kann die Änderung eines Widerstandes grob durch einen geraden Verlauf angenähert werden. Der diese Änderung beschreibende Temperaturkoeffizient TK_R für den Widerstand R_0 (bei der Bezugstemperatur T_0) ist nach Gl.(2.22) definiert.

$$TK_R = \frac{1}{R_0} \frac{\Delta R}{\Delta T} \qquad (2.22)$$

Trägt man den gemessenen Wert eines Dickschichtwiderstandes als Funktion der Temperatur über weite Bereiche auf, so stellt man einen eher quadratischen Funktionszusammenhang fest (Bild 2.13).

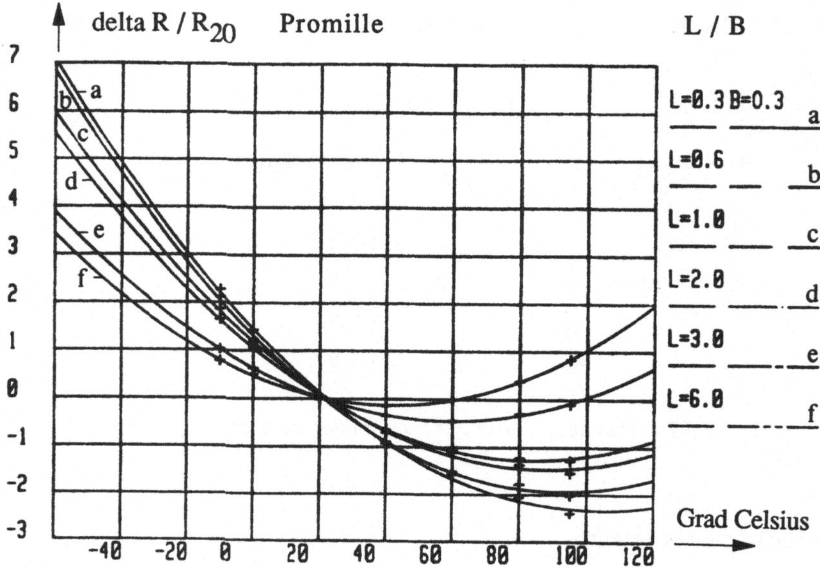

Bild 2.13: Temperaturverhalten eines Widerstandes der Breite 3 mm bei verschiedenen Längen

Der Widerstandsverlauf ist weder linear steigend - wie bei Metallen, noch exponentiell fallend - wie bei Halbleitern, sondern nichtlinear, da es sich um einen gemischten Leitungsmechanismus handelt.

Nach DIN 44050 wird dieses Verhalten durch 2 Geraden grob angenähert: man definiert einen TK_R(kalt) zwischen -55°C und +25°C und TK_R(heiß) zwischen 25°C und 125°C:

$$TK_R(\text{kalt}) = \frac{R(-55°C) - R(25°C)}{R(25°C)\ (-55°C - 25°C)}$$

$$TK_R(\text{heiß}) = \frac{R(125°C) - R(25°C)}{R(25°C)\ (125°C - 25°C)} \ .$$

Übliche Widerstandspastensysteme werden in die TK_R-Klassen: ±50 ppm, ±100 ppm und ±250 ppm eingeteilt (ppm $\hat{=}$ 10^{-6}).

Sofern für bestimmte Anwendungen kleinere Temperaturbereiche relevant sind oder der genaue Temperaturverlauf gefragt ist, genügt diese lineare Betrachtung nicht mehr, das Temperaturverhalten muß differenzierter untersucht werden. Der Temperaturkoeffizient ist an sich eine reine Materialkonstante, d.h. er müßte unabhängig von der Größe eines Widerstandes bei Verwendung des gleichen Materials gleich bleiben. Messungen bestätigen dies jedoch nicht. Ursache ist, daß in den Randzonen - wie bereits beim Flächenwiderstand angesprochen - Materialveränderungen auftreten: An den Anschlüssen sind Legierungseffekte verantwortlich, an den Seiten, ebenso wie an der Oberfläche, entmischt sich die Emulsion etwas. Da die Leitungsvorgänge im Widerstands-Pastenmaterial theoretisch noch nicht ausreichend beschrieben sind [37,38,39,40], lassen sich auch die Widerstandsänderungen nicht eindeutig vorhersagen. Je nach geometrischem Anteil der Randbereiche wird der TK_R unterschiedlich beeinflußt, er ist also ebenso wie der Flächenwiderstand geometrieabhängig. Analog treten hier als weitere Parameter auf: das Pastenmaterial (metallhaltige, niederohmige Pasten zeigen eher positive, stärker oxidhaltige, hochohmige Pasten eher negative TK_R-Werte), das Kontaktmaterial, der Untergrund sowie die Anzahl der Brände.

Um genaue Aussagen über das Temperaturverhalten zu treffen, kann es daher nicht genügen, mit dem vom Hersteller angegebenen TK_R zu rechnen, vielmehr ist es notwendig, alle Umstände der jeweiligen Fertigung zu berücksichtigen.

Die dazu erforderlichen statistischen Untersuchungen lassen sich mit dem in Bild 2.12 vorgestellten Testsubstrat vornehmen, wobei die Herstellungsparameter entsprechend variiert werden. Je nach Meßplatz sind z.B. im Bereich -20°C bis +100°C (in Schritten von 5°C) alle Widerstandswerte zu messen und in eine Datenbank abzulegen bzw. graphisch darzustellen. Zur Widerstandsberechnung ist damit die Voraussetzung geschaffen, um das Temperaturverhalten eines entworfenen Widerstandes sofort zu untersuchen und bei besonderen Anforderungen ggf. nach einer günstigeren Realisierung zu suchen. Sofern damit ein Redesign nach der Herstellung von Versuchsmustern - anhand derer erst Temperaturfehler entdeckt werden - vermieden wird, können wesentliche Kosten bei der Schaltungsentwicklung gespart werden.

Die technologisch sehr interessanten Details zur Durchführung der hier erforderlichen Messungen sollen im Rahmen dieses Buches nicht näher behandelt werden. Es sei nur erwähnt, daß dazu, ebenso wie beim Testen fertiger Hybridschaltungen ein z.T. beträchtlicher Meßaufwand erforderlich ist. Ein wichtiger rechentechnischer Aspekt dagegen: die verwendete Approximation eines Satzes von Wertepaaren durch ein Polynom von Funktionen, wird im nächsten Kapitel kurz dargestellt.

Diese Approximation ist sowohl zur Berechnung der Geometrieabhängigkeit des Flächenwiderstandes wie auch zur Interpolation des Temperaturverhaltens erforderlich.

2.1.3 Approximation von Meßwerten

Bei den beschriebenen Verfahren zur Berücksichtigung der Geometrieabhängigkeit des Flächenwiderstandes bzw. des Temperaturverhaltens liegen Meßwerte bei diskreten Temperaturen und geometrischen Abmessungen vor. Für die Widerstandsberechnungen beim Entwurf sind jedoch Aussagen auch bei beliebigen Zwischenwerten erforderlich. Da das Verhalten nicht linear oder quadratisch zu beschreiben ist, sondern je nach Parametern unterschiedlich nichtlinear, hat sich die Approximation durch ein Polynom von Funktionen nach der Methode des kleinsten Fehlerquadrats bewährt.
Gegeben sei ein Satz von Wertepaaren (x_ν,y_ν) mit $\nu = 1...N$. Dieser sol approximiert werden durch eine Linearkombination mehrerer Funktionen $\phi_i(x)$ mit $i = 1...I$. Es könnte beispielsweise gelten: $\phi_i(x)=x^{i-1}$ oder $\phi_i(x)=e^{ix}$. Die approximierende Funktion $\tilde{y}(x)$ läßt sich also darstellen als:

$$\tilde{y}(x) = \sum_{i=1}^{I} (a_i \phi_i(x)) \tag{2.23}$$

Soll nun eine Approximation so erfolgen, daß die Summe der quadratischen Abweichungen minimal wird, so gilt:

$$\Delta^2 = \sum_{\nu=1}^{N} (y_\nu - \tilde{y}(x_\nu))^2 \overset{!}{=} \min. \tag{2.24}$$

In einem Minimum verschwindet die erste Ableitung:

$$\frac{\partial}{\partial a_k}\Delta^2 \overset{!}{=} 0 \qquad \text{für alle k aus } [1...I] \tag{2.25}$$

Daraus ergibt sich mit Gl.(2.24):

$$\frac{\partial}{\partial a_k}\Delta^2 = \sum_{\nu=1}^{N} [2(y_\nu - \tilde{y}(x_\nu)) \frac{\partial}{\partial a_k}(y_\nu - \tilde{y}(x_\nu))] = 0 \tag{2.26}$$

Das darin enthaltene Differential läßt sich umformen:

$$\frac{\partial}{\partial a_k}(y_\nu - \tilde{y}(x_\nu)) = \frac{\partial}{\partial a_k} y_\nu - \frac{\partial}{\partial a_k}\tilde{y}(x_\nu)$$

$$= \quad 0 \quad - \sum_{i=1}^{I} \frac{\partial}{\partial a_k}(a_i \phi_i(x_\nu)) = -\phi_k(x_\nu) \tag{2.27}$$

Unter Berücksichtigung von Gl.(2.27) lautet nun Gl.(2.26):

$$\sum_{\nu=1}^{N} (\phi_k(x_\nu)\ (y_\nu - \tilde{y}(x_\nu)) = 0 \tag{2.28}$$

Dies kann man weiter zerlegen in:

$$\sum_{\nu=1}^{N} \phi_k(x_\nu) y_\nu - \sum_{\nu=1}^{N} \sum_{i=1}^{I} (a_i \phi_k(x_\nu) \phi_i(x_\nu)) = 0 \tag{2.29}$$

woraus man erkennt, daß es sich hier bezüglich der a_i um ein lineares Gleichungssystem handelt. In Matrixschreibweise läßt es sich formulieren als:

$$[F]_{\langle I^2 \rangle}\ a]_{\langle I \rangle} = f]_{\langle I \rangle}\ , \tag{2.30}$$

mit : $$F_{ki} = \sum_{\nu=1}^{N} (\phi_k(x_\nu)\ \phi_i(x_\nu)) \tag{2.31}$$

und : $$f_k = \sum_{\nu=1}^{N} (y_\nu\ \phi_k(x_\nu)) \qquad k = 1 \ldots I \tag{2.32}$$

Eine andere Herleitung, die zu demselben Ergebnis führt, geht von einem Ansatz mit der Vandermondeschen Matrix V aus: Gl.(2.33).

$$[V]_{\langle NI \rangle}\ a]_{\langle I \rangle} \stackrel{!}{=} y]_{\langle N \rangle}, \qquad N > I \tag{2.33}$$

mit: $$V_{\nu k} = \phi_k(x_\nu) \tag{2.34}$$

Dieses Gleichungssystem ist überbestimmt. Die linke Seite bildet einen Vektor der Dimension I in einen Raum der Dimension N ab, kann aber dort nur einen I-dimensionalen Raum aufspannen. Im allgemeinen wird dabei der Vektor a] auf einen Vektor ỹ] abgebildet; der Vektor y] kann nicht erreicht werden. Der Differenzvektor Δ] sei definiert als:

$$\Delta] = \tilde{y}] - y] \tag{2.35}$$

Bild 2.14 zeigt dies für I = 2 und N = 3:

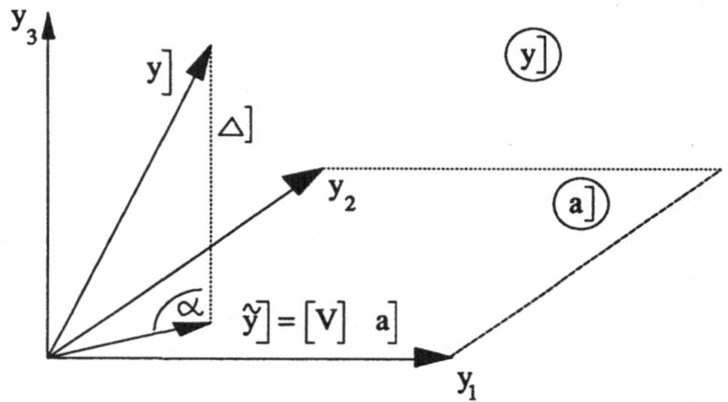

Bild 2.14: Differenzvektor Δ] zwischen y] und ỹ] = [V] a]

Die optimale Approximation sei erreicht, wenn die Länge von Δ] minimal wird. Dies ist der Fall, wenn f] so gewählt wird, daß der Winkel $\alpha = 90°$ wird. Es gilt dann:

$$\tilde{y}]^T \; \Delta] = 0 \tag{2.36}$$

Mit Gl.(2.36) und $\tilde{y}] = [V]a]$ bzw. $\tilde{y}]^T = a]^T[V]^T$ ist weiter:

$$a]^T[V]^T[V]\,a] - a]^T[V]^T y] = 0 \tag{2.37}$$

Schließt man den trivialen Fall a] = 0] bzw. $a]^T = 0]^T$ aus, so gilt:

$$[V]^T[V]\,a] = [V]\,^T y] \tag{2.38}$$

Damit läßt sich a] berechnen als:

$$a] = (\,[V]^T\,[V]\,)^{-1}\,[V]^T\,y] \tag{2.39}$$

Ein Vergleich der Koeffizienten von Gl.(2.30) und Gl.(2.38) zeigt, daß sowohl

$$[V]^T[V] = [F] \quad \text{als auch} \quad [V]^T y] = f] \quad \text{gilt.} \tag{2.40}$$

Die hier allgemein vorgestellte Approximation ist für verschiedene Berechnungen beim automatischen Elementeentwurf mit jeweils unterschiedlichen Funktionen $\phi_i(x)$ einsetzbar. Die Berechnung eines Flächenwiderstandes $R_F = f(L_0, B_0)$ nach Gl.(2.21) auf der Basis von 36 gemessenen Widerstände (Bild 2.12) erfolgt in 2 Schritten: Zunächst wird die Längenabhängigkeit durch Polynome (vom Grad i, typ. i = 3) der Form

$$R_F(L) = R_F(L,B_k) = a_0 + a_1 L + a_2 L^{1/2} + \ldots + a_i L^{1/i} \quad (B_k = \text{const.}) \tag{2.41}$$

bei den festen Breiten B_k (k = 1...6) beschrieben. Die Koeffizienten a_i lassen sich aus Gl.(2.30) bzw. Gl.(2.39) mit dem Gauß-Algorithmus berechnen. Es ergeben sich Kurven wie in Bild 2.10 dargestellt.
In einer zweiten Approximation der Flächenwerte $R_F(L_0, B_k)$ (k = 1...6) wird die Breitenabhängigkeit mit dem Polynom

$$R_F(B) = R_F(L_0,B) = b_0 B^2 + b_1 B + b_2 + b_3 B^{-1} + b_4 B^{-2} \quad (L_0 = \text{const.}) \tag{2.42}$$

erfaßt und an der Stelle B_0 ausgewertet, so daß schließlich $R_F(L_0, B_0)$ feststeht.
Auf diese Weise kann ein korrigierter Flächenwiderstand bei einer beliebigen Geometrie L_0, B_0 durch Approximation der Meßdaten gefunden werden. Der dabei auftretende Fehler hängt von der Genauigkeit der repräsentativen Messungen und vom Grad des gewählten Polynoms ab. Im praktischen Einsatz konnte eine Genauigkeit erreicht werden, die im Bereich der unvermeidbaren Fertigungstoleranzen liegt.

Das gleiche Verfahren wird zur Erfassung der Geometrieabhängigkeit des Temperaturkoeffizienten verwendet und bei der Weiterverarbeitung der Ergebnisse einer Trimmschnittsimulation mit diskreten Trimmwegen. Insgesamt ist damit ein Weg gefunden worden, um auf einfache Weise technologisch bedingte Abweichungen des Widerstandsverhaltens systematisch zu erfassen und bei der Berechnung möglichst genau zu berücksichtigen.

2.1.4 Trimmschnittsimulation

Eine Trimmschnittberechnung kann bereits beim Layoutentwurf von Bedeutung sein, da Größe und Form eines Widerstandes unmittelbar die beim Abgleich erreichbare Widerstandsänderung und den dabei auftretenden Empfindlichkeitsverlauf festlegen (siehe [30]). In Bild 2.15 ist die Widerstandsänderung R/R_0 in Abhängigkeit von der relativen Schnittiefe $\beta = b/B$ dargestellt.

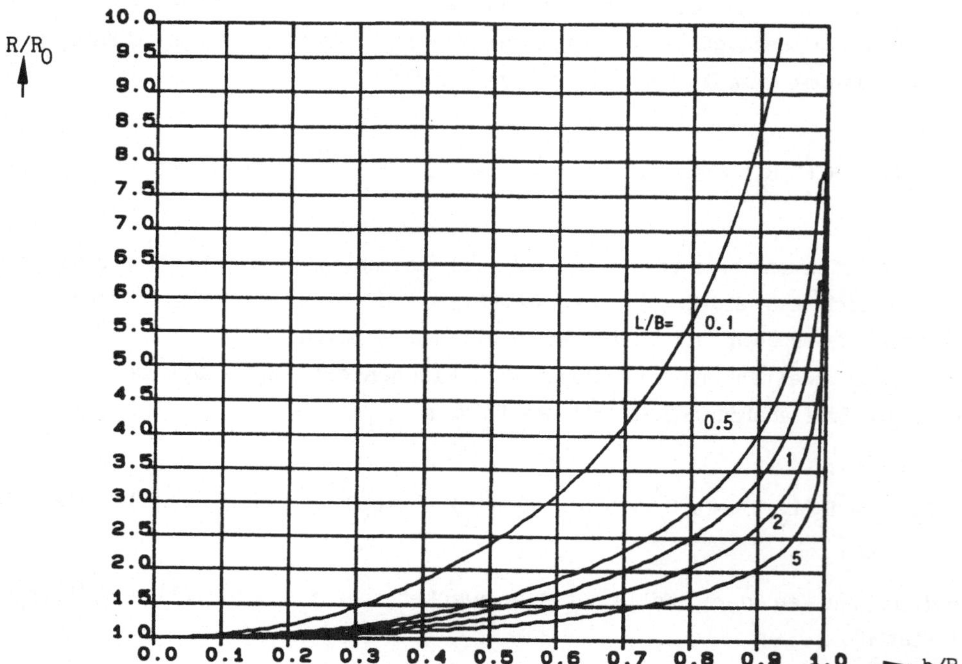

Bild 2.15: Trimmcharakteristik des seitenkontaktierten Widerstandes

Die Steigung der Kurve gibt die vollrelative Trimmempfindlichkeit S_R an:

$$S_R = \frac{dR/R}{db/B} = \frac{dR}{R_0}\,\frac{B}{db}\,\frac{R_0}{R} = \frac{dr}{d\beta}\,\frac{R_0}{R} \tag{2.43}$$

$$\text{mit} \quad dr = \frac{dR}{R_0} \quad \text{und} \quad d\beta = \frac{db}{B}$$

Da der Trimmvorgang nur mit einer endlichen Verzögerung gleich der Abschaltzeit des Lasers Δt_A zu beenden ist, tritt ein Abgleichfehler f_A vom Sollwert R_S auf.

$$f_A = \frac{\Delta R_S}{R_S} = S_{RS} \frac{v_T \Delta t_A}{B} \qquad (2.44)$$

In Gl.(2.44) ist S_{RS} die Trimmempfindlichkeit am Sollwert R_S. Um diesen Abgleichfehler zu verkleinern, kann die Trimmgeschwindigkeit v_T (vor Erreichen des Sollwertes) auf eine langsamere Stufe geschaltet werden oder die Breite (auf Kosten des Substratfläche) vergrößert werden. In jedem Fall ist es wichtig, die Trimmempfindlichkeit S_R zu kennen.
Das Anfertigen und Messen von Testdrucken bzw. ein teures Redesign können nur vermieden werden wenn - mit Hilfe einer Rechnersimulation - die Dimensionierung beim Entwurf entsprechend der geforderten Genauigkeit gewählt werden oder eine geeignetere Form bestimmt werden kann. Als Nebenprodukt dieser Berechnung fallen Daten für das Trimmsystem ab, wie z.B. der Widerstandswert des ersten Teilschnitts beim L-Cut, der für die dynamische Schnittsteuerung entscheidend ist.

In der Literatur sind einige Lösungsverfahren für dieses Problem bekannt [19,41-44], die jedoch vor allem für interaktive Anwendungen noch wenig Verbreitung gefunden haben. Meist wird ein äquidistantes Widerstandsgitter als Modell des zu berechnenden Widerstandes verwendet. Die Laplace Differentialgleichung zur Beschreibung des elektrischen Potentials in dem als homogen angenommenen Material kann dann mit Hilfe der iterativen Methode der Überrelaxation gelöst werden. Der Vorteil dieser Methode ist, daß der Rechenaufwand zur Durchführung einer Iteration nur linear mit der Anzahl der Gitterpunkte anwächst, was vor allem bei sehr großen Gittern zum Tragen kommt. Eines der Probleme liegt in der Wahl eines möglichst optimalen Relaxationsfaktors, der die Konvergenz und damit die Anzahl der benötigten Iterationen bestimmt [45,46].
Im folgenden werden zwei andere Lösungswege vorgeschlagen, die sich vor allem für die Aufgabe der Trimmschnittanalyse eignen. Sie wenden Methoden der Netzwerkanalyse und der konformen Abbildung an.

I. Berechnung mit Hilfe der Knotenpotentialanalyse

Das erste Verfahren, das allgemeine, durch rechtwinkelige Kanten begrenzte Widerstandsformen zuläßt, nützt ein Netzwerk aus diskreten Widerständen. In Bild 2.16 ist das äquivalente Gitternetzwerk eines seitenkontaktierten Widerstandes zu sehen.

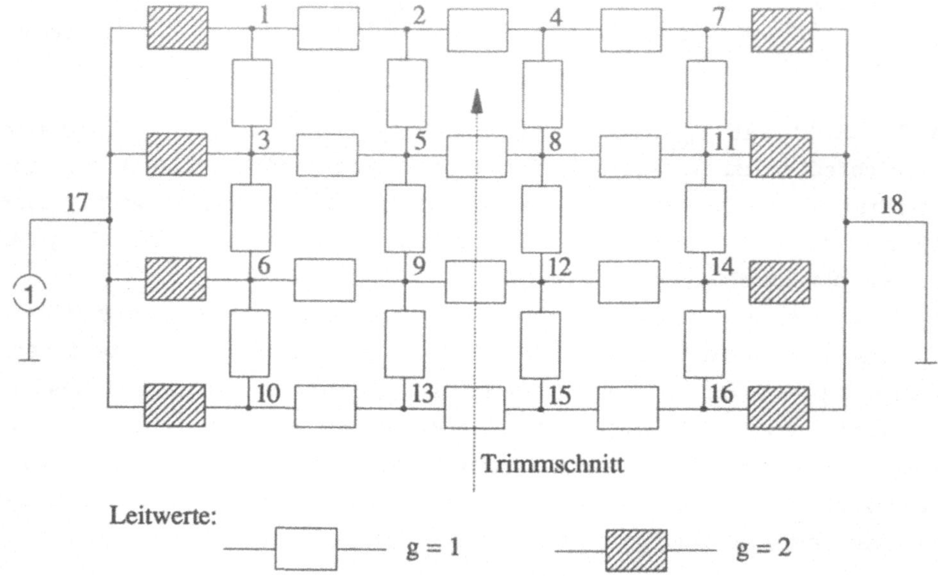

Bild 2.16: Äquivalentes Gitternetzwerk eines seitenkontaktierten Widerstandes

In der einfachen Modellierung weisen die normierten Leitwerte den Wert $g = 1$ auf, nur am Rand ist zur Berücksichtigung der Kontaktierung $g = 2$ (nach [41]). In dieser Version wird die Geometrie des Widerstandes in das Verhältnis von Spalten- zu Zeilenzahl abgebildet. Auf das so entstandene Netzwerk wird die Knotenpotentialanalyse angewendet [47]. Dazu muß die Knotenleitwertmatrix $[Y_n]$ nach den bekannten Regeln erstellt werden:

-- Die Diagonalelemente y_{nss} werden mit der Summe aller am Knoten s anliegenden Leitwerte belegt.

-- Die übrigen Elemente y_{nst} und y_{nts} werden mit dem negativen Leitwert zwischen Knoten s und t belegt, bei fehlender Verbindung mit $g = 0$.

Vereinbarungsgemäß liegt am letzten Knoten das Bezugspotential (Masse). Für das Beispiel in Bild 2.16 wird Knoten 18 mit $U_{n18} = 0$ nicht in der Leitwertmatrix erscheinen. Am Knoten 17 wird eine Stromquelle i_{017} angelegt. Das Gleichungssystem Gl.(2.45) wird mit dem Gauß-Algorithmus gelöst. Das entscheidende Ergebnis ist der Spannungswert U_{n17}. Er gibt den normierten Widerstand r_0 des gesamten Netzwerkes gegen Masse an.

$$[Y_n]\ U_n] = I_n] \tag{2.45}$$

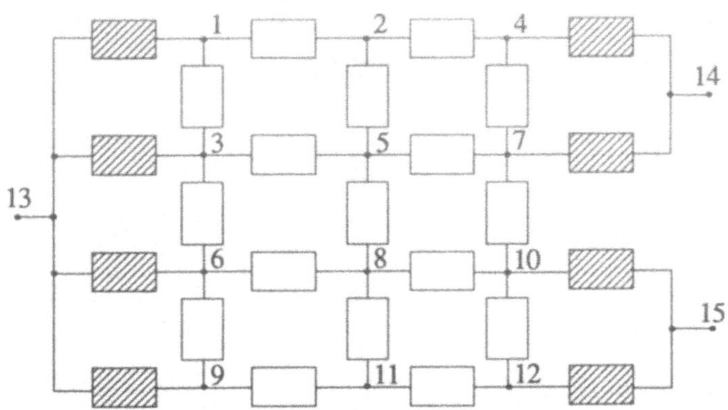

Bild 2.17: Äquivalentes Gitternetzwerk für U-Form mit Dach

Der Wert des ungetrimmten Widerstandes ist als $R_0 = r_0 R_F$ zu berechnen. Eine geeignete Indizierung der Gitterpunkte (z.B. Diagonalindizierung wie in Bild 2.16) verringert die mittlere Bandbreite der Leitwertmatrix und kann daher die Rechenzeit reduzieren [45].

Zur Simulation des Trimmschnitts werden nacheinander die entsprechenden Teilwiderstände (entlang der markierten Linie im Bild) "durchgeschnitten", die Leitwertmatrix modifiziert und der Gesamtwiderstand r_i bei der Schnittiefe b_i berechnet. Auf diese Weise wird der Schnitt bis zum vorletzten Teilwiderstand in einer Linie vorgenommen. Als Ergebnis erhält man diskrete Wertepaare der normierten Widerstände r_i/r_0 bei den zugehörigen normierten Schnittiefen $\beta_i = b_i U$

Zur Berechnung eines Widerstandswertes an beliebiger Stelle zwischen den Stützwerten und zur Ausgabe der Trimmcharakteristik erfolgt eine Approximation nach der Methode des kleinsten Fehlerquadrats (Kap. 2.1.3). Bild 2.15 zeigt die berechnete Trimmcharakteristik für einen seitenkontaktierten Widerstand.

Das Verfahren kann auf alle üblichen Widerstandsformen angewendet werden. In manchen Fällen ist die Einführung besonderer Knoten erforderlich wie z.B. Knoten 13 in Bild 2.17 für die U-Form mit "Dach". Um eine homogene Stromverteilung bei Erreichen des maximalen Trimmweges zu erhalten, ist hier der Widerstand mit einem Leiterbahnstück abgeschlossen.

Verbesserungen des Verfahrens:

Zur Erhöhung der mit diesem Verfahren erreichbaren Genauigkeit und zur Verkürzung der Rechenzeiten - was besonders für den Einsatz in einem interaktiven Entwurfssystem erforderlich ist - lassen sich einige grundlegende Verbesserungen vornehmen.

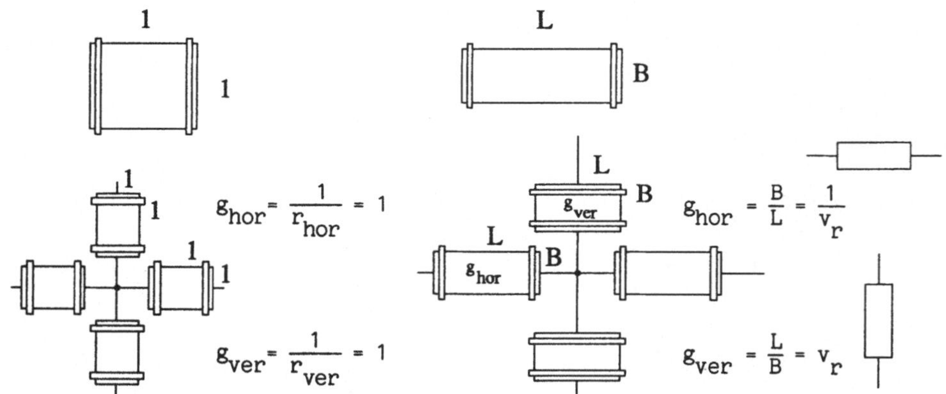

Bild 2.18: Berücksichtigung des Streckungsverhältnisses im Modell

Genauigkeitsprobleme ergeben sich bei der Modellierung nicht rechteckiger Widerstände mit einem groben Widerstandsnetzwerk aus m Zeilen und n Spalten. Sofern das Streckungsverhältnis v_r = L/B ganzzahlig ist, kann bei Anordnung nach Bild 2.16) m = k und n = k v_r (k>1, ganzzahlig) gewählt werden. Entsprechend ist für $1/v_r$ ganzzahlig: n = k und m = $1/v_r$. In allen anderen Fällen entsteht bei der Modellierung ein systematischer Fehler, der durch eine möglichst große Gitterlinienzahl (k >> 1) verringert werden kann, was sich allerdings auf die Rechenzeit auswirkt.

Eine genaue Modellierung findet sich bei einem quadratischen Gitter (m = n) wenn das Streckungsverhältnis des Gesamtwiderstandes geeignet in den Gitterwerten berücksichtigt wird: Die Längswiderstandswerte im Gitter werden um den Faktor v_r vergrößert, die Querwiderstände um den Faktor v_r verkleinert. Bild 2.18 zeigt auf den Flächenwiderstand normierte Widerstände. Für die Berechnung kann nochmals mit v_r multipliziert g_{ver} = 1 und $g_{hor} = v_r^2$ verwendet werden.

Mit dieser Normierung läßt sich stets ein quadratisches Gitter mit m=n=k verwenden. Auch ungewöhnliche Schnittformen wie ein Diagonalschnitt bei beliebigem Streckungsverhältnis sind mit dieser Modellierung simulierbar. In diesem Fall wird abwechselnd ein horizontaler und ein vertikaler Widerstand "aufgetrennt".

Bei der Anwendung der beschriebenen Trimmschnittanalyse auf kompliziertere Widerstandsformen (Bild 2.6) lassen sich weitere Vereinfachungen durch Ausnützung von Symmetrieeigenschaften entdecken. Bei Top-Hat und U-Form genügt es, das Leitwertgitter für eine Hälfte des Widerstandes zu berechnen. Der Trimmschnitt verläuft hier entlang der Symmetrieachse der Widerstandsform und damit auch entlang einer Äquipotentiallinie.

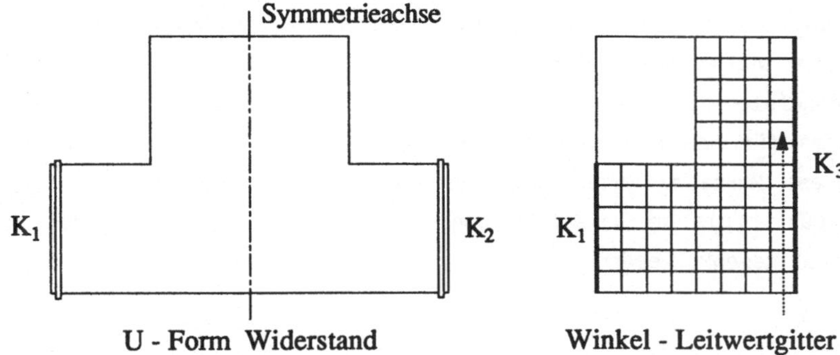

Bild 2.19: Gemeinsame Grundform zur Modellierung der Sonderformen

Wie leicht zu zeigen ist, lassen sich in ähnlicher Weise alle gebräuchlichen Widerstandsformen auf die eines Winkelwiderstandes zurückführen, lediglich die Kontaktierung ist unterschiedlich. Der Kreisbogen des Doppelwinkelwiderstandes wird in erster Näherung ebenfalls durch einen Winkel modelliert. Mit Ausnützung dieser Eigenschaften lassen sich alle Widerstandssonderformen leicht modellieren und in gleicher Weise simulieren.

Als letzte, wesentliche Verbesserung ist eine Beschleunigung des Gaußverfahrens zweckmäßig. Es ist nicht erforderlich, für jede Stützstelle (r_i, b_i) das gesamte Gleichungssystem Gl.(2.45) zu lösen. Wenn die Symmetrieeigenschaften so genutzt werden, daß stets ein Teilwiderstand gegen Masse durchgetrennt wird, kann eine modifizierte Knotennumerierung günstiger sein: Die zu eliminierenden Widerstände sollten von den Knoten mit den höchsten Nummern abgehen. Damit genügt es, den Eliminationsschritt nur einmal vollständig durchzuführen und danach nur noch die Untermatrix von $[Y_n]$ zur Berechnung heranzuziehen, in der sich durch den weiteren

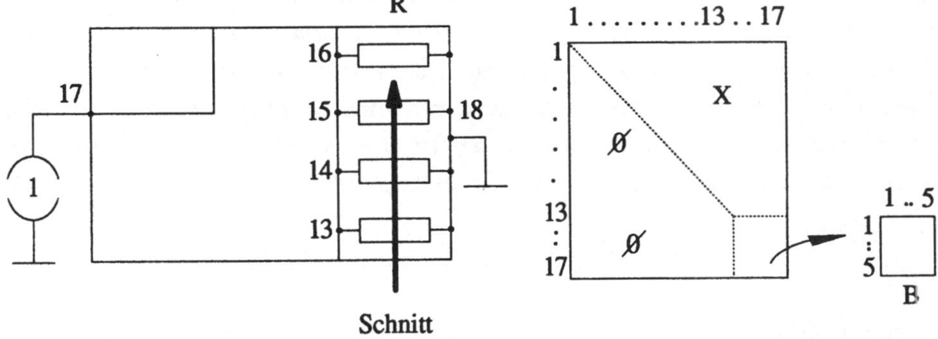

Bild 2.20: Modifizierte Knotenindizierung zur Beschleunigung der Elimination beim Gaußverfahren

Trimmschnitt eine Änderung ergibt. Diese Restmatrix muß jeweils zwischengespeichert werden und erfordert nur eine Subtraktion des Teil-Leitwerts vom Diagonalelement, da die aufgetrennten Kanten stets zum Masseknoten führen. Das Schema für das beschleunigte Gaußverfahren ist in Bild 2.20 skizziert. Durch diese Maßnahme konnte der Rechenzeitbedarf eines Simulationsprogramms für typische Beispiele ohne Einbuße der Genauigkeit auf etwa ein zwanzigstel gesenkt werden.

II. Berechnung mit Hilfe der konformen Abbildung

Für die einfache Geometrie des seitenkontaktierten Widerstandes läßt sich ein Weg finden, wie mit einer direkten Formel der Trimmschnitt schneller berechnet werden kann.

Mit dem Verfahren der konformen Abbildung nach Schwarz-Christoffel gelingt es, einen geschnittenen Widerstand mit inhomogener Stromverteilung, strom- und potentiallinienrichtig auf einen nicht geschnittenen rechteckigen Widerstand mit homogener Stromlinienverteilung abzubilden.

Das Verfahren wird in [48] verwendet zur Berechnung der äquivalenten Widerstandsfläche ungleichmäßig geformter Dünnfilmwiderstände. Im folgenden wird kurz beschrieben, wie es zur Ermittlung der Trimmcharakteristik beim L-Schnitt und beim Mittelschnitt einzusetzen ist.

Die Lösung des Trimmproblems über die konforme Abbildung wurde bereits in [49] diskutiert, dort aber wieder fallengelassen, da die Abbildung von Polygonen mit mehr als 4 Ecken nicht mehr explizit, sondern nur noch näherungsweise durch numerische Integration möglich ist. Diese würde hier zu einem höheren Rechenzeitbedarf als für die Knotenpotentialanalyse führen. Mit einer geeigneten Korrektur kann jedoch eine angenäherte Lösung gefunden werden: In Bild 2.21 ist die konforme Abbildung eines bis zur Tiefe b eingeschnittenen seitenkontaktierten Widerstandes zu sehen. Man geht von einem unendlich langen Widerstand aus, mit einer Kontaktierung bei $x = 0$. Der zweite Kontakt (Kante zwischen den Punkten A, E) liegt im Unendlichen. Diese Abbildung von der w- auf die z-Ebene wird beschrieben durch [48]:

$$z = 2i \sin^{-1}\left(\sin\left(\frac{a\pi}{2}\right) \sin\left(\frac{\pi}{4} - \frac{w}{2}\right) \right) \tag{2.46}$$

In der w-Ebene mit $w = u+iv$ läßt sich der Widerstand zwischen dem Kontakt bei $v = 0$ und einem weiteren Kontakt bei v wie ein ungetrimmter seitenkontaktierter Widerstand dann nach Gl.(2.47) berechnen.

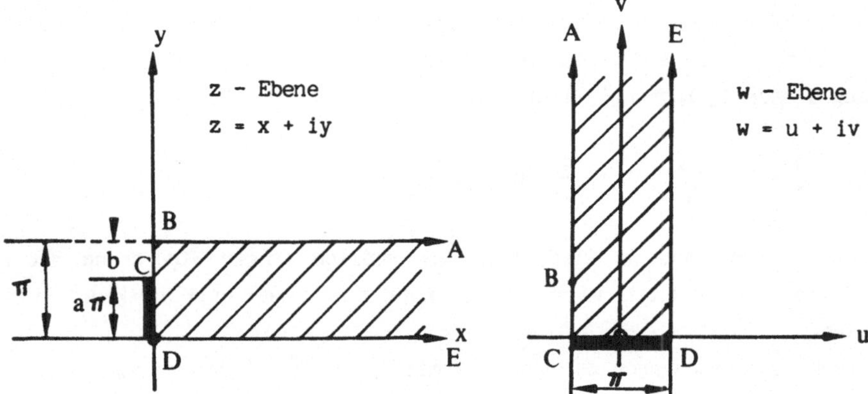

Bild 2.21: Konforme Abbildung des seitenkontaktierten Widerstandes

Die Berechnung des seitenkontaktierten Widerstandes nach Bild 2.21 lautet:

$$R = R_F \frac{v}{\pi} \tag{2.47}$$

In der z-Ebene ergibt sich für den Widerstand zwischen dem Kontakt CD und dem Gegenkontakt bei x für den Fall eines sehr langen Widerstandes ($x/\pi \gg 1$):

$$R = R_F \left(\frac{x}{\pi} + k\right) \tag{2.48}$$

Hier ist die Widerstandserhöhung aufgrund des Trimmschnitts der Tiefe b (Reststegbreite = a) durch die Konstante k berücksichtigt. Die Berechnung von k geschieht mit Hilfe des Grenzwertes in Gl.(2.49).

$$k = \lim_{\substack{z\to\infty \\ x\to\infty \\ v\to\infty}} \left(\frac{v}{\pi} - \frac{x}{\pi}\right) \tag{2.49}$$

Das ergibt:

$$k = \frac{2}{\pi} \ln \frac{1}{\sin(\pi\, a/2)} \tag{2.50}$$

Für die Trimmcharakteristik soll nun der Widerstand nicht in Abhängigkeit von der Reststegbreite a, sondern von der Schnittiefe b und nicht absolut, sondern relativ zu R_0 berechnet werden. Damit lautet Gl.(2.48):

$$\frac{R}{R_0} = 1 + \frac{k}{v_r} = 1 + \frac{2}{\pi\, v_r} \ln \frac{1}{\cos(\beta\, \pi/2)} \qquad \text{mit } v_r = R_0/R_F = L/B \quad \text{und } \beta = b/B \tag{2.51}$$

Diese Formel zur Berechnung des Seitenschnitts (1. Schnitt beim L-Cut) für sehr lange Widerstände, erlaubt auch die Herleitung der relativen

Widerstandsänderung beim Mittelschnitt. Ein Mittelschnitt ergibt sich aus zwei an der Stirnseite zusammengesetzten Widerständen mit Seitenschnitt. Entlang dieser Äquipotentiallinie gilt:

$$\frac{R}{R_0} = 1 + \frac{2\,k}{v_r} = 1 + \frac{4}{\pi\, v_r} \ln \frac{1}{\cos(\beta\ \pi/2)} \tag{2.52}$$

Der Fehler, der gemacht wird, wenn ein endlich langer Widerstand mit diesen Formeln berechnet wird, läßt sich durch einen Korrekturfaktor p_i erfassen.

Empirische Untersuchungen zeigten, daß mit $p_1 = \sqrt{2v_r}$ (für den sog. L-Cut) und $p_2 = \sqrt{v_r}$ (beim Mittelschnitt) sehr gute Übereinstimmung von berechneten und gemessenen Widerstandswerten resultieren. Die korrigierte Form von Gl.(2.51) ist:

$$\frac{R}{R_0} = 1 + \frac{2\,p_1}{\pi\, v_r} \ln \frac{1}{\cos(\beta\ \pi/2)} \qquad p_1 = \sqrt{2v_r} \tag{2.53}$$

Der Mittelschnitt berechnet sich entsprechend mit Verwendung von p_2. Für den seitenkontaktierten Widerstand kann mit dieser Methode das Trimmverhalten noch wesentlich schneller als mit der Knotenpotentialanalyse berechnet werden.

Der Geschwindigkeitsvorteil wird durch die näherungsweise Betrachtung eines zunächst unendlich langen Widerstandes erreicht, der nur durch die für Mathematiker unbefriedigende Korrektur mit einem empirisch ermittelten Faktor genaue Ergebnisse bei endlichen Geometrien liefert. Ein zweiter, für die Schaltungsfertigung wichtiger Vorteil liegt darin, daß beim L-Cut die für den 1. Schnitt erforderliche Schnittiefe (näherungsweise) explizit berechnet werden kann. Aus der Umformung von Gl.(2.53) folgt Gl.(2.54).

$$\beta = \frac{2}{\pi} \arccos\left(\exp\left((1-t)\, \frac{\pi\sqrt{v_r}}{4}\right) \right) \qquad \text{mit Trimmfaktor } t = \frac{R}{R_0} \tag{2.54}$$

Eine optimale Wahl dieser ersten Schnittiefe ist entscheidend, um beim zweiten Schnitt (parallel zu den Stromlinien) einen möglichst langen Trimmweg zu erreichen, was die Widerstandsgenauigkeit (geringe Steigung der Trimmcharakteristik) und die Langzeitstabilität positiv beeinflußt. Aus Gl.(2.54) wird ersichtlich, daß die Eindringtiefe mit vom Trimmfaktor t abhängt, was bisher zwar bekannt, aber noch nicht formelmäßig erfaßt war. Um den L-Schnitt über die Schnittiefe zu steuern muß allerdings eine sehr gute Positioniergenauigkeit für den Trimmbeginn eingehalten werden (evtl.

mit "edge-sensing" möglich). Um dies zu umgehen kann auch zunächst aus dem jeweils vorliegenden Widerstands-Istwert die Schnittiefe β errechnet werden und mit Gl.(2.53) der Widerstandswert am Knickpunkt. Mit einer auf dieser Berechnungsmethode basierenden Lasersteuerung konnten wesentlich genauere Schnittführungen erreicht werden, als sie auf kommerziellen Systemen bis jetzt möglich sind.

2.1.5 Einfluß dielektrischer Schichten

Bei den beschriebenen Verfahren zum genauen rechnergestützten Entwurf von Schichtwiderständen sind diese jeweils isoliert für sich betrachtet worden. Für Dickschichtschaltungen, die besondere Genauigkeitsanforderungen erfüllen sollen, darf jedoch der Einfluß benachbarter Strukturen innerhalb der Schaltung auf unmittelbar angrenzende Widerstände nicht unberücksichtigt bleiben. Die Beeinflussung geschieht indirekt durch Veränderung der Druckparameter und zwar im wesentlichen als Vergrößerung des "Absprungs" (Abstand zwischen Drucksieb und Substrat), was eine größere Schichtdicke und zusätzliche Schichtverbreiterungen der Widerstandspaste nach dem Druck bewirkt. Dieser Effekt tritt bei sog. Crossover-Schaltungen auf, deren Prinzip kurz vorgestellt wird. Besonders genaue Widerstände sollen, sofern dies aus Platzgründen möglich ist, direkt auf Keramik gedruckt werden, um gut reproduzierbare Werte zu gewährleisten. Abgesehen von Abdeck- und Lotschichten, deren Verarbeitung keine hohen, widerstandsverändernden Temperaturen erfordern, werden die Widerstandspasten jedoch erst dann gedruckt und gebrannt, wenn alle anderen Strukturen bereits vorhanden sind. Bei der Crossover-Technik werden Leitungskreuzungen (neben den Widerständen) durch additive dielektrische Drucke im Kreuzungsbereich realisiert. Bei sehr dichter Verdrahtung wird ein ganzflächiger dielektrischer Druck (ähnlich der Multilayer-Technik) mit Kontaktfenstern und Aussparungen für die Widerstände eingesetzt. In jedem Fall sollten die isolierenden Schichten zweifach aufgebracht werden, um Fehlstellen und damit Kurzschlüsse zu vermeiden. Sofern nun Widerstände in der Nachbarschaft solcher relativ dicker Schichten gedruckt werden, weicht der sich einstellende Flächenwiderstand vom theoretisch erwarteten Wert ab.

Dieser Effekt ist allgemein bekannt, er war jdoch bisher noch nicht systematisch erfaßt und beschrieben worden, sondern nur durch erfahrungsgemäße Vorverzerrung des Widerstandsentwurfswertes oder über ein teures Redesign zu berücksichtigen. Um hier genaue qualitative Aussagen machen zu können und eine Grundlage zur Berechnung zu liefern, wurden umfangreiche Untersuchungen durchgeführt, deren wesentliche Ergebnisse im weiteren kurz vorgestellt werden sollen. Die für eine Analyse bzw. spätere Korrektur berücksichtigten Entwurfsparameter sind in Bild 2.22 skizziert.

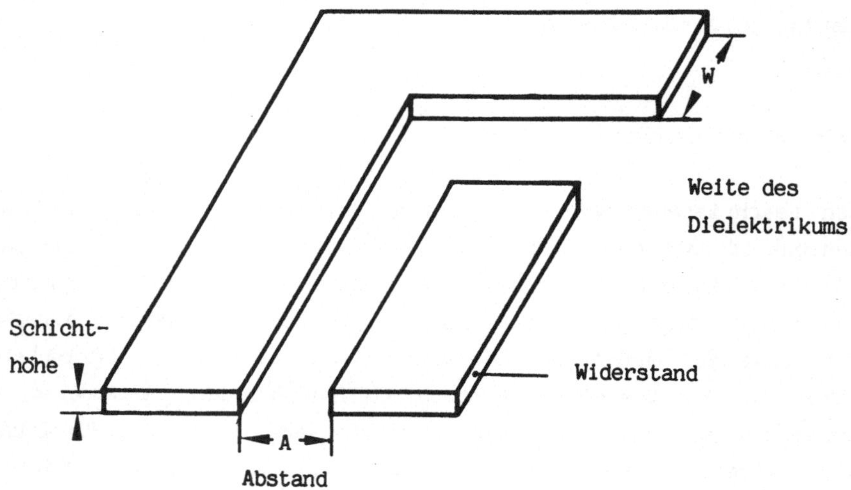

Bild 2.22: Entwurfsparameter für Dielektrikum neben einem Widerstand

Der prinzipielle Zusammenhang zwischen den folgenden Entwurfsparametern und den gemessenen Widerstandsabweichungen wurde untersucht:

-- Abstand **E** zwischen Widerstand und Dielektrikumsschicht

-- Höhe **T** des Dielektrikums

-- Schichtausdehnung (Weite) **W** des Dielektrikums

-- Länge **D** der dielektrischen Schicht entlang des Widerstandes.

Da die Widerstände mit dem verwendeten Entwurfssystem [50-52] in der Regel nur achsenparallel angeordnet werden, konnte der Einfluß der Druckrichtung durch Drehung von Widerstand und dielektrischer Schicht in Schritten von 90° auf einem Substrat erfaßt werden. Bei der Variation der möglichen Anordnungen des Dielektrikums in Bezug auf den Widerstand wurden ebenfalls alle achsenparallelen Lagen berücksichtigt.
Die Messungen ergaben Abhängigkeiten der Art wie sie in Bild 2.23 dargestellt sind. Je nach Parametervariation können Widerstandsänderungen bis zu 40% auftreten.

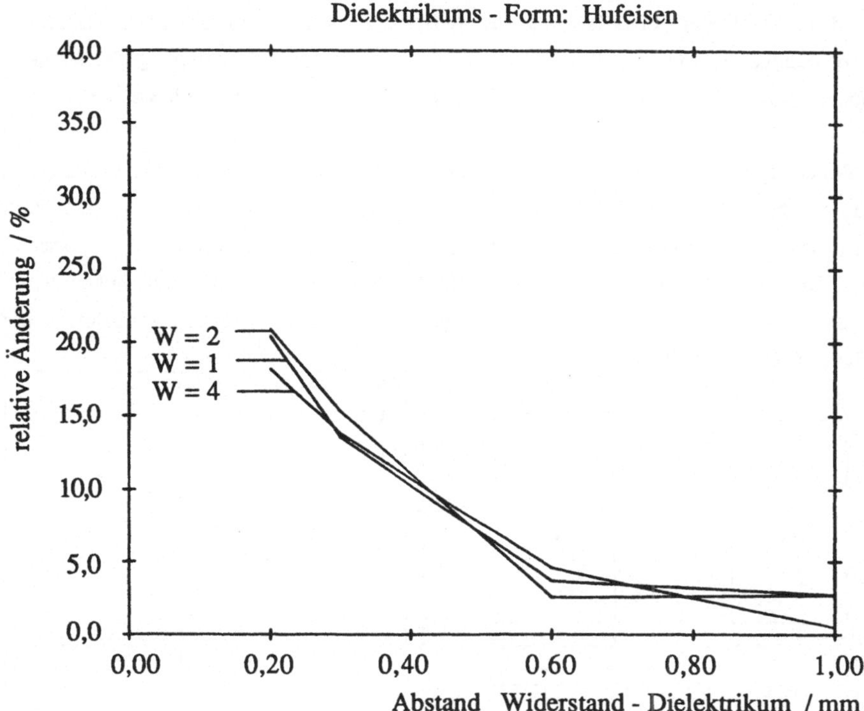

Bild 2.23: Änderung des Widerstandswertes durch Dielektrikum mit U-Form, Schichtdicke ca.20µm, Scharparameter: Weite W

Zusammenfassend lassen sich folgende Ergebnisse der Messungen formulieren:

Die Weite **W** der Dielektrikumsschicht zeigt keinen signifikanten Einfluß auf das Widerstandsverhalten und kann als Parameter für eine Widerstandskorrektur unberücksichtigt bleiben.

Die Widerstandsverringerung ist im Bereich 0,2 mm $\leq$ **E** $\leq$ 0,6 mm linear proportional zum Abstand zwischen Widerstand und Dielektrikum. Eine Annäherung durch eine Geradenfunktion bis E $\leq$ 1 mm weist nur Abweichungen von ca. 5% auf. Da dies weit unterhalb der durchschnittlichen Widerstandsschwankungen liegt, ist eine Linearisierung im Rahmen der geforderten Genauigkeit zulässig.

Kleine Schwankungen der Schichtdicke **T** bewirken in etwa lineare Änderungen der Widerstandsdicke. Diese wiederum hat insgesamt einen nichtlinearen Einfluß auf den Widerstandswert. Innerhalb der hier relevanten Schwankungsbreite von ΔT = 5...10 µm kann jedoch für die Berechnung ein linearer Zusammenhang von ΔT und ΔR_F angenommen werden.

Auch der Grad der Überdeckung **D**, d.h. der Anteil einer Widerstandskante, der in Nachbarschaft zu Dielektrikum liegt, kann bei einer geforderten Genauigkeit von 5 bis 10% mit einer linearen Funktion gewichtet werden.

Die **Form** des Dielektrikums hat gemeinsam mit der **Druckrichtung** einen jeweils spezifischen Einfluß auf die auftretende Abweichung. Mit Berücksichtigung gleichwertiger Einflüsse durch unterschiedliche Formen und Winkel lassen sich vier minimale Grundformen zur empirischen Erfassung der Widerstandsänderungen angeben - Balken horizontal, Balken vertikal, Winkel und Atrium (Bild 2.24).

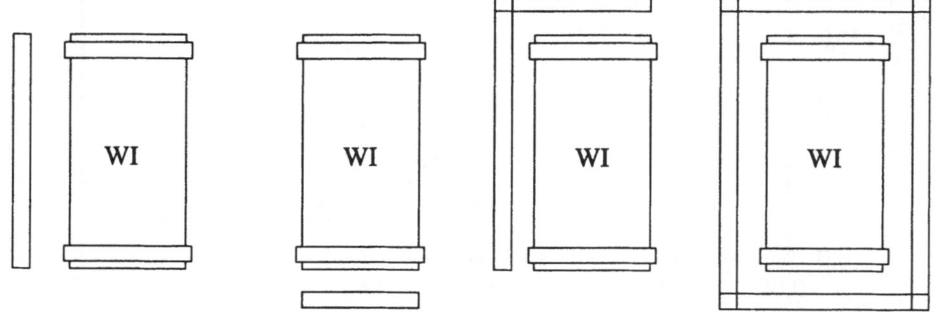

Bild 2.24: Widerstand mit minimalen Dielektrikumsformen zur Erfassung der Flächenwiderstandsänderung.

Da die hier beschriebenen Einflüsse bei unterschiedlichen Pasten und Herstellungsparametern zwar qualitativ gleich zu beobachten sind, im einzelnen aber zahlenmäßig stark abweichen können, ist es - ähnlich wie zur Erfassung der Geometrieabhängigkeit des Flächenwiderstandes - notwendig, Testdrucke vorzuehmen. Das dazu entwickelte Testlayout ist in Bild 2.25 zu sehen. Es enthält 36 Widerstände mit den Abmessungen $L_i, B_i \in \{0,3 \ldots 0,6 \text{ mm}\}$. Jeder dieser Widerstände ist mit den 4 Minimalformen von Dielektrikum nach Bild 2.24 angeordnet und zwar im Abstand $E = 0,3$ mm und $E = 0,6$ mm. Um dem Designer zu ermöglichen, die zu erwartenden Abweichungen für einen Entwurf vorherzusehen, sind Testdrucke nach Bild 2.25 mit allen üblichen Kombinationen von Pasten vorzunehmen und die gemessenen Widerstandswerte systematisch in einer Datenbank abzulegen. Beim Entwurf liegen die Nachbarschaftsverhältnisse der Widerstände zu den sie umgebenden "dicken" Schichten erst nach Fertigstellung aller Maskenebenen fest. Manuell oder mit Hilfe eines Programms ist zu ermitteln, wo ein kritischer Abstand erreicht wird und dieser ist nach Ausdehnung, Form und Richtung zu klassifizieren. Die Algorithmen zur Überarbeitung eines Bildes, um derartige

Informationen zu extrahieren, sind mit ähnlichen Abtastverfahren vorzunehmen, wie sie zur Entwurfsregelüberprüfung oder Kompaktierung entwickelt wurden (siehe dazu Kapitel 5 und 6).

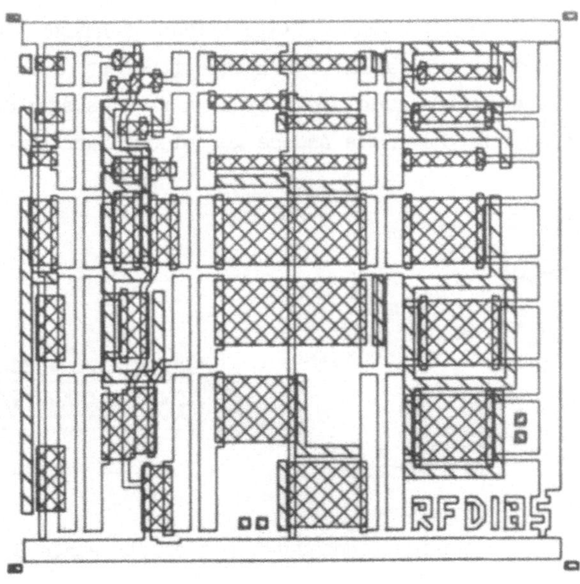

Bild 2.25: Testlayout von 36 Widerständen mit Dielektrikum

Je nach den Parametern der vorgefundenen "Nachbarschaft", ist aus der Datenbank die zu erwartende Widerstandsänderung - normiert als korrigierter Flächenwiderstand - abzurufen. Mit diesem wird analog zu Gl.(2.21) der Widerstand neu dimensioniert. Da meist geringe geometrische Korrekturen resultieren, bleibt das Layout im wesentlichen unverändert und es ist keine Iteration wie bei der Berücksichtigung der Geometrieabhängigkeit des Flächenwiderstandes erforderlich.

2.2 Kondensatoren

Nur zur Vollständigkeit wird kurz der Entwurf integrierter Kondensatoren vorgestellt. Üblicherweise finden vorgefertigte Chipkondensatoren Anwendung; sie sind mit Kapazitätswerten von 10 pF bis 670 nF (Vielschicht-Kondensator) und von 0,1 µF bis 100 µF (Tantal-Chip-Kondensator) verfügbar. In seltenen Fällen werden Kondensatoren auch als geschichtete oder parallele Leiter in Dickschicht- oder Dünnfilmtechnik integriert.

2.2.1 Schichtkondensatoren

Ein integrierter Schichtkondensator ist ähnlich aufgebaut wie ein Plattenkondensator. In Bild 2.26 ist ein Dickschichtkondensator aus zwei Leiterebenen dargestellt, zwischen denen Dielektrikum gedruckt wurde. Als Schutz vor Umwelteinflüssen - vor allem Feuchtigkeit - ist eine Glaspassivierung aufgebracht. Dielektrikum und Glas sind doppelt ausgeführt, damit Fehlstellen in einer Schicht durch die andere geschlossen werden.

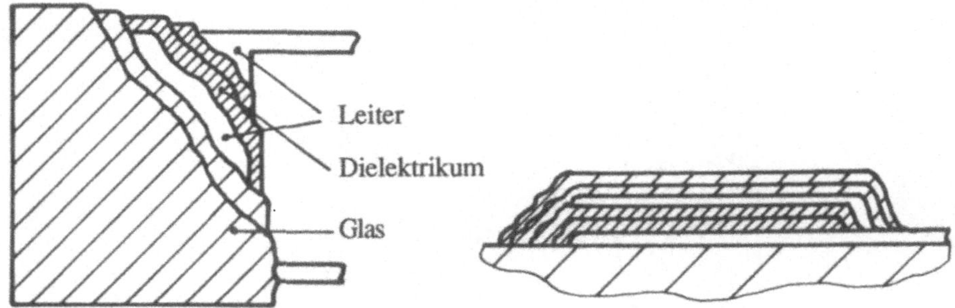

Bild 2.26: Dickschichtkondensator mit abgetragenen Schichten und im Schnitt

Die Kapazität eines Schichtkondensators berechnet sich nach der bekannten Formel

$$C = \varepsilon_0 \, \varepsilon_r \, \frac{A}{d} \tag{2.55}$$

Die relative Dielektrizitätskonstante ε_r erreicht bei HDK-Pasten Werte im Bereich $\varepsilon_r = 100...3000$, die Schichtdicke d wird aufgrund des zweifachen Drucks bei etwa 30-50µm (im gebrannten Zustand) liegen. Damit bleiben die erreichbaren Kapazitätsbeläge unterhalb 900 pF/mm^2, und meist lassen sich die gewünschten Kapazitätswerte nur mit unverhältnismäßig großer Fläche A realisieren, was der allgemeinen Entwurfsforderung nach einer möglichst kleinen Schaltung widerspricht. Als weitere Nachteile sind hohe Verlustfaktoren, große Fertigungsschwankungen (±50%) und besondere Empfindlichkeit gegenüber Feuchtigkeit anzuführen.

Sofern dennoch Schichtkondensatoren dieser Art eingesetzt werden, so ist eine Rechnerunterstützung nicht zur Auswertung von Gl.(2.55) erforderlich, wohl aber, um als Ergebnis der Flächenberechnung die geometrischen Daten aller Schichten des entworfenen Kondensators bereitzustellen (wie z.B. bei [51]).

Der Designer spezifiziert nur die vorgegebenen elektrischen oder geometrischen Parameter und erhält ein automatisch entworfenes Element, das zur weiteren Verwendung in einer Bauteilebibliothek abgelegt wird. Dieses Schaltungselement kann dann z.B. mit einem interaktiven Graphikprogramm aufgerufen und beliebig verwendet werden. Beim Einsatz derartig fertig vorentworfener Elemente liegt der Vorteil nicht in der reinen Zeitersparnis allein, sondern darin, daß keine Entwurfsfehler bei der manuellen Eingabe der Geometrie der einzelnen Strukturen eingebracht werden können. Alle geometrischen Entwurfsforderungen (gestufte Überlappungsbereiche von Dielektrikum und Leiterschicht) für die 6 Schichten werden bei einer automatischen Auslegung in jedem Fall berücksichtigt.

2.2.2 Isoplanare Leiter

Der Kapazitätsbelag, der zwischen isoplanaren, parallelen Leiterbahnen auftritt, ist zwar zur gezielten Integration brauchbarer Kapazitäten meist zu gering, er muß jedoch vor allem für Hochfrequenzschaltungen als parasitärer Störeffekt berücksichtigt werden. Gelegentlich werden Interdigitalstrukturen eingesetzt, um isoplanare Kapazitäten zu realisieren. Hier kann eine Strukturierung des ebenen Kondensators z.B. mit dem Laserstrahl erfolgen, was zu sehr kleinen Abständen, bei allerdings geringer Spannungsfestigkeit führt.

Eine genaue Berechnung der erreichbaren Kapazitätswerte ist bereits für zwei parallel laufende Leiterbahnen sehr aufwendig, eine analytische Lösung ist nicht bekannt. Unter Annahme einiger Idealisierungen (die Leiterbreite sei groß im Verhältnis zu seiner Dicke) läßt sich eine konforme Abbildung finden [53], mit der die obere und untere Halbebene und damit die Feldlinienbereiche Luft und Keramik, auf je ein Rechteck abgebildet werden, für das sich der gesuchte Kapazitätsbelag nach der bekannten Formel (2.55) ergibt. Dies gilt jedoch nur für ein unendlich "dickes" Substrat. Die Fehler, die bei der Berechnung über diese Abbildung gemacht werden, lassen sich wiederum über Korrekturfaktoren klein halten.

2.3 Induktivitäten

Auch Induktivitäten lassen sich prinzipiell als Schichtelemente integrieren Ein planarer Leiter wird spiralförmig oder in rechtwinkeligen Schleifen angeordnet. Der Mittelkontakt ist mit einem Bonddraht oder mit einer zusätzlichen (auf Dielektrikum) gedruckten Brücke nach außen geführt. Zur Berechnung der Induktivität einer solchen Anordnung dienen in der Praxis mehr oder weniger umfangreiche Formeln, je nachdem, welche Näherungen zugelassen werden (siehe [39,54,55]). Da dieses Bauelement sehr selten integriert wird (die erreichbaren Induktivitätswerte liegen typisch unterhalb 1 µH und weisen eine schlechte Güte auf), sind in den Arbeiten zu diesem Buch keine Untersuchungen zu einer genaueren Berechnung durchgeführt worden.

3 Interaktiver Layoutentwurf

Wie in der Einleitung bereits angesprochen, ist der Grad der Automatisierung beim Hybrid-Layoutentwurf noch gering. Meist wird versucht, Werkzeuge, die für Leiterplatten oder integrierte Schaltungen konzipiert sind, für Hybridschaltungen einzusetzen. Im folgenden wird vorgestellt, welche besonderen Anforderungen an ein interaktives Hybrid-Entwurfssystem gestellt werden, und welche rechnerinternen Datenstrukturen die erforderlichen Algorithmen am besten unterstützen.

3.1 Vorgehensweise beim interaktiven Plazieren und Verdrahten

Ausgehend vom Pflichtenheft, das die Eigenschaften der Schaltung und ihrer Komponenten genau definiert, werden zunächst nach den in Kapitel 2 vorgestellten Gleichungen die einzelnen zu integrierenden Bauelemente entworfen. Als Ergebnis liegen jeweils die geometrischen Informationen der verschiedenen, ein Hybridelement konstituierenden Schichten als sog. "Makro-Element" vor. Alle innerhalb des Elementes zu beachtenden Entwurfsregeln sind dabei automatisch eingehalten. Die als vorgefertigte Bauteile in die Schaltung einzubringenden Komponenten (die Hybridelemente) sind, ebenfalls als geometrische Figuren beschrieben, in einer Bauteilebibliothek zur Verfügung gestellt. Die so bereitstehenden Elemente werden nun manuell plaziert und verdrahtet. In der herkömmlichen Weise wird hier mit viel Farbstift und Radiergummi auf gerastertem Papier (Millimetereinteilung) im Maßstab 10:1 für Dickschichtschaltungen oder 20:1 für die Dünnfilmtechnik gearbeitet.

Ausgangspunkt für den Designer ist der Schaltplan, anhand dessen er je nach der Komplexität der Schaltung und den Möglichkeiten, eine einlagige Verdrahtungsführung zu realisieren, zunächst eine geeignete Topologie sucht. Die Elemente werden dann entsprechend dieser Topologie, ihrer Größe und der Verbindungsstruktur untereinander, angeordnet. Gleichzeitig werden die erforderlichen Leiterbahnen als Ein- oder Mehrlagenverdrahtung eingezeichnet. Hierbei kann - lokal - ein iteratives Vorgehen erforderlich sein (Verschieben und neu Zeichnen von Elementen und ihrer Verdrahtung), da nicht in jedem Fall der Platzbedarf und die geeignete Lage für ein Element in Bezug auf seine Nachbarn von vorneherein überblickt werden kann. Vor allem diese, oft sehr mühsame Detailarbeit beim Zeichnen soll mit Hilfe eines interaktiven Graphik-Arbeitsplatzes erleichtert werden. Dazu müssen die implementierten Arbeitshilfen möglichst gut an die zu lösende Entwurfsaufgabe angepaßt sein.

3.2 Forderungen an ein interaktives Entwurfssystem

Ein interaktives Entwurfssystem soll den Designer möglichst in seiner gewohnten Arbeitsweise unterstützen. Akzeptanz und Nutzen eines Systems hängen davon ab, ob geeignete Grundelemente und die richtigen Manipulationsmöglichkeiten zur Verfügung stehen.

3.2.1 Grundelemente

Die in einem Layout am häufigsten auftretende geometrische Grundform ist das Rechteck. Dies hat sehr naheliegende, praktische Gründe. Rechteckige Formen lassen sich leicht fertigen (z.B. Hybridelemente), berechnen (vgl. Kapitel 2) und dicht gepackt anordnen. Auch das Substrat, bzw. die zu realisierende Schaltung selbst, weist in der Regel eine rechteckige Form auf. Nur in manchen Fällen kann durch die Möglichkeit, Verdrahtungen unter beliebigem Winkel zu führen, zusätzlich Platz eingespart werden. Es ist daher zweckmäßig, als wesentliches Grundelement für ein Entwurfssystem das Rechteck vorzusehen. Dies erlaubt auch eine ökonomische Datenhaltung. Als Information zur eindeutigen Beschreibung innerhalb eines kartesischen Koordinatensystems genügen 4 Zahlenwerte: X- und Y- Koordinate des "Aufhängepunktes" sowie Länge und Breite. Da bei der Verwendung eines Rechners stets eine endliche Auflösung (so auch für die Dimensionen des Rechtecks) zugrundeliegt, ist als Bezugspunkt zur Vermeidung von Rundungsfehlern nicht der Mittelpunkt, sondern ein Eckpunkt - z.B. die linke untere Ecke - zu wählen. Für Algorithmen zur Layoutverarbeitung, die im Hintergrund (off-line) ablaufen können, wie z.B. Entwurfsregelprüfung oder Kompaktierung mag eine abweichende Beschreibung der zu behandelnden Geometrie

vorteilhafter sein, etwa durch allgemeine Polygone, wie in Kapitel 5 näher diskutiert.
Mit dem zugrundegelegten Rechteck lassen sich einfache Layoutelemente wie Anschlußflecken, Meßpunkte oder Isolationsflächen darstellen. Für kompliziertere Bauteile wird als erste Hierarchiestufe ein "Verbundelement" eingeführt. Es faßt mehrere Elemente zu einer Einheit zusammen; sie sind bei den noch zu beschreibenden Manipulationen in dieser Einheit oder jedes für sich anzusprechen und zu verändern. Ein typisches Beispiel ist die Veränderung der Lage eines Bondflecken bei einem Chip. In Bild 3.1 sind einige grundlegende Hybrid-Layoutelemente dargestellt. Kondensator, Transistor, Widerstand und Chip sind als Verbundelemente abgelegt.

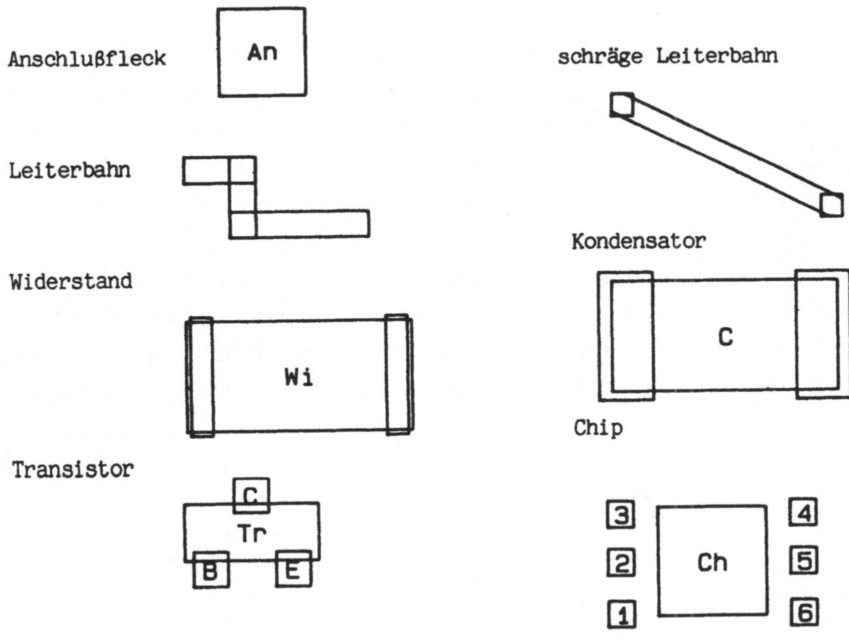

Bild 3.1: Grundelemente zum Entwurf eines Hybridlayouts

Da Rechtecke ohne Restriktionen zu Verbundelementen zusammengefaßt werden können, ist die Modellierung beliebiger Elemente mit rechtwinkeligen Kanten unterstützt. Auch Leiterstücke sind als einfache Rechtecke darstellbar. Um zur Einführung schräger Leiterbahnen dieses grundlegende Konstruktionsprinzip nicht zu durchbrechen, wird vorgeschlagen, eine solche Leiterbahn durch je ein Quadrat am Anfang und am Ende der Verbindung zu modellieren. Damit ist die einfache Datenhaltung beibehalten und die

Verbindung achsenparalleler Elemente mit schrägen Leitern läßt sich geschickt lösen: eine Leiterbahn der Breite d geht z.B. über in das erste Quadrat der schrägen Leiterbahn mit der Größe d x d. In der Datenstruktur sind nur die zwei Endquadrate gespeichert. Sie lassen sich ebenso einfach manipulieren wie alle anderen Elemente. Zur Darstellung werden die Endpunkte der schrägen Kanten, die beide Quadrate verbinden so berechnet, daß die Bahnbreite längs der Schrägen ebenfalls d beträgt.
Großflächige Strukturen wie Isolationsschichten werden aus mehreren Rechtecken zusammengesetzt oder alternativ durch ein umschreibendes Polygon aus entarteten Rechtecken (besonders Leiterbahnen) der Breite 0 definiert. Zu jedem Element sind zusätzliche Attribute zu definieren und abzuspeichern.

Ebene: Alle in einer Ebene liegenden Elemente werden mit gleicher Farbe und Strichart dargestellt. Wichtig ist, daß jeder Ebene eine eigene Fertigungsmaske entspricht. Ein Verbundelement kann Bestandteile aus mehreren Ebenen enthalten. Ein Widerstand setzt sich z.B. aus zwei Leiterstücken (Bestandteil einer späteren Leiterbahnmaske) und einem Widerstandsteil (durch seine Ebenenbezeichnung einem Widerstandspastendruck zugeordnet) zusammen. Die Einführung einer, bezüglich einer Maske komplementären Ebenenkennzeichnung ermöglicht es, sehr einfach Crossoverschichten zu definieren. Fenster in einer vordefinierten Fläche lassen sich mit solchen "negativen" Elementen (Löchern) angeben und modifizieren (Bild 3.2).

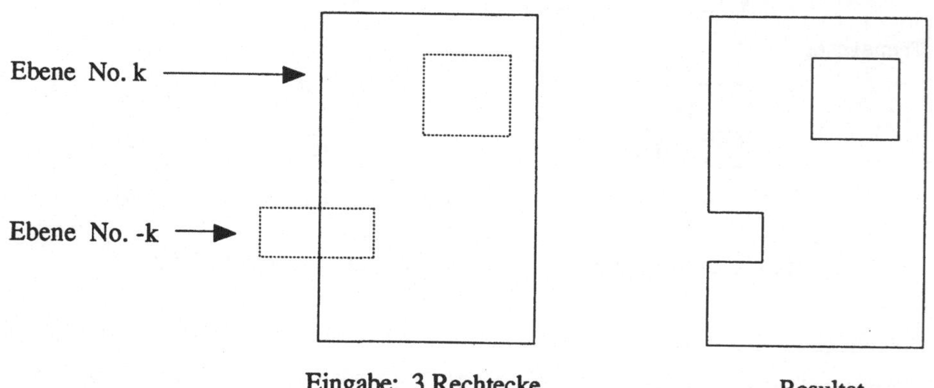

Bild 3.2: Maske für Dielektrikum mit zwei "Löchern"

Orientierung: Zur besseren Identifikation vor allem von Leiterbahnen und Rotationsoperationen wird jedem Element eine Orientierung zugeordnet.

Name: Zur Kennzeichnung einzelner Elemente und zur Beschriftung des Layouts kann zu jedem Element eine beliebige Bezeichnung gespeichert werden.

Numerische Parameter: Für einzelne Bauteile ist die Kenntnis zusätzlicher fertigungstechnischer Parameter wichtig. Vor allem für eine Weitergabe an nachgeschaltete Prüf- und Fertigungsverfahren (Bestückung, Trimmen) sind z.B. Elementewerte oder Trimmdaten festzuhalten.

Die beschriebene Modellierung der Layoutelemente weist einige wesentliche Unterschiede zu den für andere Technologien verwendeten Elementen auf. Beim Einsatz von Bibliothekselementen werden diese z.B. jeweils vollständig in das Bild einkopiert und nicht über Verweise auf ein einmal abgelegtes Element einbezogen. Da - anders als in der Leiterplattentechnik - von einem Grundelement nur wenige identische Kopien in einem Layout auftreten, ist der zusätzlich erforderliche Speicherplatz zu vernachlässigen. Als Vorteil ist so die Möglichkeit geschaffen, je nach den lokalen Platzanforderungen Modifikationen z.B. der Lage oder Form von Anschlußbereichen an Bauelementen vorzunehmen. Weitere Besonderheiten, die speziell der Anwendung in der Hybridtechnik dienen, sind die schrägen Kanten beliebigen Winkels, die frei definierbaren Verbundelemente und eine große Zahl von Layoutebenen.
Die hier vorgestellten Elemente sind nur ein einfaches Beispiel für die "Grundausstattung" eines interaktiven Systems. Die praktische Realisierung dieser Formen in einem Hybrid-Editor [50-52] zeigt jedoch, daß damit bereits auch komplizierte Layouts sehr effektiv dargestellt werden können.

3.2.2 Interaktionsmöglichkeiten

Eine systematische Betrachtung der üblicherweise auf ein Layoutbild angewendeten interaktiven Eingriffe zeigt, daß im Prinzip stets zwei Grundaktionen erforderlich sind, das Identifizieren und das Modifizieren von Objekten

I. Identifizieren

Zur Angabe, welche Teile eines Bildes für eine Interaktion ausgewählt werden sollen, sind ein oder mehrere Attribute der betreffenden Elemente zu spezifizieren. Beim Generieren eines neuen Elementes wird der **Typ**

(und optional die von den Standardwerten abweichenden Parameter) angegeben, oder der **Name** wenn es sich um ein vordefiniertes Bauteil oder einen früher entworfenen Bildausschnitt aus der Bibliothek handelt. Der Name kann auch zur Auswahl eines bereits eingefügten Bauteils dienen.
Weitere typische Auswahlkriterien sind die **Maskenebene** und die **Größe** von Bildelementen. So könnte eine Selektionsvorschrift z.B. fordern: "alle Leiterbahnen in der 1. Verdrahtungsebene mit Breite $d \geq 0.3$ mm ..." sind für weitere Zugriffe zu betrachten. Das wichtigste, bei fast allen Aktionen erforderliche Attribut ist die **Ortsangabe.** Eine genaue Betrachtung der verschiedenen Varianten einer Ortsbestimmung ist wichtig für die geeignete Datenstruktur und die Algorithmen, die zur Realisierung der Ortsauswahl verwendet werden. Sie kann wie folgt differenziert werden:

-- Identifikation aller Elemente, die einen gegebenen Punkt überdecken. Dies ist eine bei graphischen Editoren sehr häufig zu lösende Aufgabe. Sie sollte möglichst nicht das Absuchen aller Objekte im Bild erfordern.

-- Identifikation aller Elemente in einem vorgegebenen Bereich. Dies ist z.B. zur Darstellung eines Bildausschnitts, bei Verschiebungen oder Maßstabsänderungen wichtig.

-- Ermittlung der Nachbarn eines Punktes. Zu einem gegebenen Punkt wird das am nächsten liegende Element gesucht. Hierzu muß ein Bereich mit größer werdendem Radius abgesucht werden. Dies erleichtert die Elementeauswahl bei interaktiven Eingriffen und ist als Teilaufgabe bei Verdrahtung und Entwurfsregelprüfung zu finden.

-- Ermittlung der Nachbarn einer Kante. Von einer gegebenen Kante sollen in einer bestimmten "Blickrichtung" gesehen, alle Elemente gefunden werden, die "nahe" dieser Kante liegen, was bei Entwurfsregelprüfung und Kompaktierung eine wichtige Teilaufgabe darstellt.

II. Modifizieren

Entsprechend dem Grad der Auswirkung bzw. dem erforderlichen algorithmischen Aufwand, kann unterschieden werden in:

-- Veränderung einfacher Attribute von Elementen wie Größe, Typ, Ebene oder Bezeichnung.

-- Veränderung der Lage wie Verschieben, Drehen, Spiegeln oder Kopieren einzelner Elemente oder ganzer Bildausschnitte. Auch das Einfügen und Löschen von Elementen zählen hierzu.

Zur Durchführung der geometrischen Operationen ist eine einfache Darstellung der erforderlichen Gleichungen in Matrixschreibweise möglich [56,57]. Um für Verschieben, Skalieren, Drehen und Spiegeln jeweils mit Matrix-Multiplikationen arbeiten zu können, wird eine erweiterte Koordinatenschreibweise mit einem Drei-Elemente-Vektor verwendet. Ein Punkt P (X,Y) wird durch den Vektor [X Y 1] beschrieben. Die allgemeine Abbildung auf einen Punkt P' (X',Y') geschieht mit Gl.(3.1).

$$[X' \; Y' \; 1] = [X \; Y \; 1] \begin{vmatrix} r_{11} & r_{12} & 0 \\ r_{12} & r_{22} & 0 \\ V_x & V_y & 1 \end{vmatrix} \tag{3.1}$$

V_x und V_y geben den Verschiebevektor in X- resp. Y-Richtung an. Die 2 x 2 Untermatrix mit den Elementen r_{ij} kombiniert Drehung und Skalierung. Eine Skalierung in X-Richtung mit S_x und in Y-Richtung mit S_y wird durch die Untermatrix S nach Gl.(3.2) definiert.

$$S = \begin{vmatrix} S_x & 0 \\ 0 & S_y \end{vmatrix} \tag{3.2}$$

Eine Rotation (gegen den Uhrzeigersinn) um den Winkel ϕ ist mit R nach Gl.(3.3) zu erreichen.

$$R = \begin{vmatrix} \cos\phi & \sin\phi \\ -\sin\phi & \cos\phi \end{vmatrix} \tag{3.3}$$

Mit dieser Matrixschreibweise lassen sich alle geometrischen Transformationen sehr einfach formulieren. Eine Abfolge solcher Operationen bedeutet damit die Multiplikation der entsprechenden Abbildungsmatrizen. Kompliziertere Manipulationen eines Vektors können so unabhängig von der Zahl der Verschiebungen, Drehungen oder Skalierungen mit einer einzigen Matrix wie in Gl. (3.1) formuliert werden.

Als Beispiel für die praktische Realisierung der hier prinzipiell beschriebenen Eingriffsmöglichkeiten bei einem interaktiven Entwurfssystem wird auf [50-52] verwiesen.

3.3 Datenstrukturen zur Repräsentation von Layoutbildern

Die Effizienz der angewendeten Algorithmen zur Bearbeitung eines Layouts kann immer nur unter Berücksichtigung der verwendeten Daten und ihrer rechnerinterner Darstellung beurteilt werden. Dies gilt allgemein für jede Rechneranwendung.
Schon bei der Lösung einer einfachen quadratischen Gleichung wird man je nach gegebenen Koeffizienten unterschiedliche Lösungsformeln anwenden, um Fehler, die aus der endlichen Wortbreite (Bitzahl zur Darstellung einer Zahl) resultieren klein zu halten oder zu vermeiden. Die endliche Speichertiefe (maximal adressierbare Speicherplätze) erfordert zur Verarbeitung großer Datenmengen, z.B. großer Matrizen, die Einführung neuer Anordnungen zum Abspeichern der Zahlen und führt damit sogar zu einer Änderung der auf sie angewendeten Algorithmen. Aus diesen Beispielen wird deutlich, daß bereits bei der Lösung **numerischer Probleme** die rechnerinterne Repräsentation der zu behandelnden Objekte (hier: Zahlen) für die zu verwendenden Algorithmen von großer Bedeutung sind und evtl. der Einsatz besonderer Datenstrukturen anzuraten ist.
Bei der Bearbeitung der **geometrischen Informationen** eines Layoutbildes spielen speziell die großen Datenmengen und die damit verbundenen langen Ausführungszeiten der Programme eine wichtige Rolle. Da keine der verbreiteten Programmiersprachen geometrische Objekte als grundlegende Datentypen enthält, muß vor der Implementierung eines Algorithmus in jedem Fall erst eine geeignete Modellierung der Daten gefunden werden. Dies wird besonders bei interaktiven Programmen wichtig, wo der Benutzer trotz sehr umfangreicher Bilddaten auf seine Eingabe eine fast verzögerungsfreie Reaktion erwaret.

Eine Datenstruktur sollte die im letzten Kapitel beschriebenen Manipulationen mit möglichst wenigen Zugriffen auf die vorhandenen Elemente vornehmen lassen. Außerdem sollte das Einfügen, Löschen und Verändern von Objekten nur geringe Änderungen in der Datenbasis erfordern. Im folgenden werden einige grundlegende Möglichkeiten für eine solche rechnerinterne Darstellung aufgezeigt und ihre Vor- und Nachteile erläutert.

3.3.1 Verkettete Auflistung der Elemente

Die einfachste interne Repräsentation ist das lineare Anordnen der Elemente entsprechend der zeitlichen Reihenfolge ihres Entstehens in einer Liste, die z.B. als Array oder durch eine mit Zeigern verkettete Struktur realisiert ist (Bild 3.3). Die verkettete Liste erlaubt, ausgehend vom Listenkopf, einen sequentiellen Zugriff auf ihre Komponenten. Jede dieser Komponenten enthält die geometrischen Daten (im Fall des Rechtecks 4 Koordinaten) und die zusätzlichen Informationen wie Name, Typ, Ebene usw.

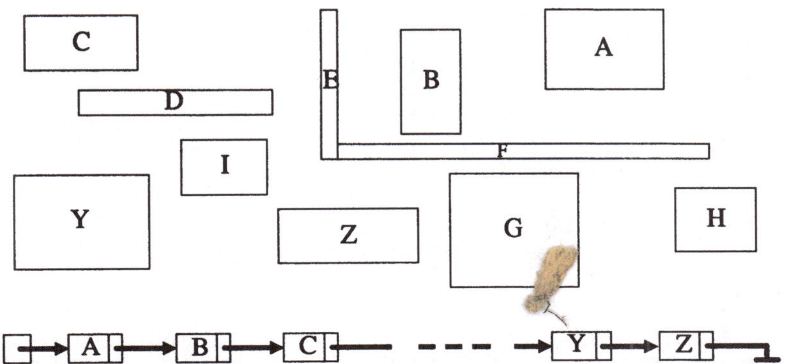

Bild 3.3: Eintragen der Elemente in eine verkettete Liste

Zur Ermittlung der Elemente an einem Punkt muß stets die gesamte Datenstruktur (n Elemente) abgesucht werden; zur Auswahl eines bestimmten Eintrags sind im Durchschnitt n/2 Schritte notwendig. Die Zugriffe sind daher von linearer Ordnung O(n) bezüglich der Anzahl n von Elementen.

Vorteile: Die Datenstruktur eignet sich für elementare geometrische Operationen und ermöglicht wegen der einfachen Realisierung für kleine Layouts schnelle Reaktionen. Veränderungen im Bild (Einfügen, Löschen) sind bei einer Liste leicht vorzunehmen, bei einem Array muß für Garbage Collection gesorgt werden.

Nachteile: Zugriffe auf die Daten erfordern einen Aufwand der Komplexität O(n) und sind daher für sehr große Layouts (hochintegrierte Schaltungen) zu langsam.

Mit einigen Erweiterungen läßt sich diese Struktur auch für eine hierarchische Layoutbeschreibung verwenden (Verbundelemente in HEDIT [50] und Verweise auf untergeordnete Strukturen in CAESAR [58]).

3.3.2 Sortierte Anordnung

Bei Einsatz einer verketteten Liste von Elementen liegt es nahe, die zunächst willkürlich aufgereihten Einträge zu ordnen und damit den Zugriff besser zu organisieren. Sortiert wird z.B. nach den Koordinaten der linken unteren Ecke (Aufhängepunkt eines Rechtecks) in Richtung aufsteigender X-Koordinaten, bei gleichem X nach aufsteigenden Y-Koordinaten. Eine zweifach verkettete Liste (Bild 3.4) erlaubt einen gezielten und damit schnelleren Zugriff auf die Nachbarn eines Elementes.

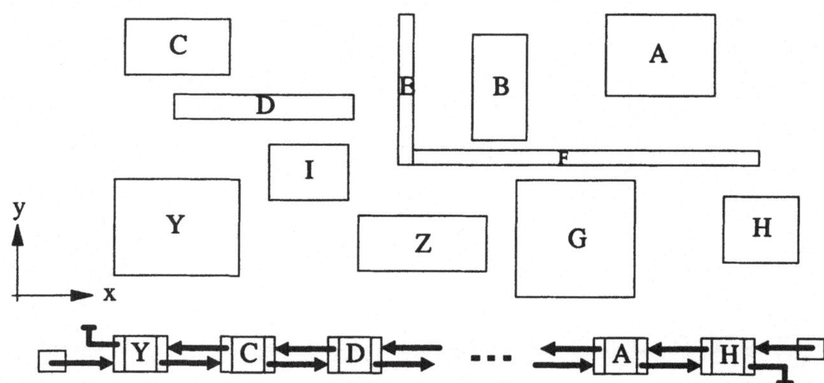

Bild 3.4 Zweifach verkettete, nach X-Koordinaten sortierte Liste

Bei sequentiellem Zugriff vom Kopf der Liste aus müssen im Durchschnitt n/2 Elemente zum Auffinden eines Punktes betrachtet werden. Die Realisierung als Array gestattet wahlfreien Zugriff und läßt diese Aufgabe mit O(log n) Schritten lösen. Hierzu würde eine Koordinatenachse in endliche Abschnitte unterteilt, die jeweils einem Eintrag im Array entsprechen. Mit einer Hashing-Technik [14] können in jedem Abschnitt alle Elemente verkettet werden, deren Bezugspunkt in dem betreffenden Koordinatenintervall liegt. Die Wahl der optimalen Arraydimension bzw. der Größe der Hashing-Tabelle ist allerdings nur bei Kenntnis der Bildgröße möglich und daher bei interaktivem Arbeiten nicht von vorneherein anzugeben.

Vorteile: Bei off-line Algorithmen ermöglicht die sortierte Anordnung das systematische Abarbeiten (Scannen) des Layouts. Das Bild wird in Streifen unterteilt womit sich zweidimensionale Suchvorgänge (Auffinden der Elemente in einem Fenster) auf eindimensionale Aufgabenstellungen (welche Elemente liegen auf einer Scan-Linie) reduzieren lassen.

Nachteile: Bei interaktiven Programmen muß nach jedem Eingriff neu sortiert werden (mit O(n log n) Schritten). Dies kann bei einem entsprechend ausgestatteten Rechner evtl. als Hintergrundvorgang quasiparallel zu anderen Benutzerinteraktionen ablaufen.

Um von einer Position X_1 nach X_2 zu gelangen müssen bei Gleichverteilung der Elemente $|X_1 - X_2|\ n / L$ Elemente abgearbeitet werden. Wenn die Bildlänge $L \approx$ Bildbreite B und $n \sim L\ B$, was bei einer konstanten, von der Bildgröße unabhängigen Elementedichte der Fall ist, ergibt dies $O(\sqrt{n})$ Zugriffe. Dies bedeutet, daß die eindimensionale Strukturierung allein für Untersuchung von Nachbarschaftsbeziehungen viele unnötige Suchschritte erfordert.

3.3.3 Hierarchische Strukturen

Ähnlich wie beim wahlfreien Zugriff auf eine sortierte Liste wird die Layoutfläche in hierarchisch gegliederte, immer kleiner werdende Rechtecke unterteilt. Der Zugriff erfolgt über einen Baum von Verweisen (Bild 3.5). Beginnend bei der Wurzel des Baumes (sie entspricht dem größten umschreibenden Rechteck) hat jeder Knoten maximal 2 (binärer Baum nach [59]) oder 4 Nachfolger [60]. Dies entspricht einer 2- oder 4-Teilung der Fläche auf jeder Stufe. Die Elemente des Bildes sind den Knoten des Baumes zugeordnet: zu jedem Knoten gehört eine Liste von Objekten, die in ihm liegen, aber nicht in einem Unterbaum. Bei gleichförmigen, gleichmäßig verteilten Objekten sind die meisten Rechtecke in den "Blättern" (Knoten ohne Nachfolger) zu finden. Die Tiefe des Baumes ist dann $O(\log n)$.

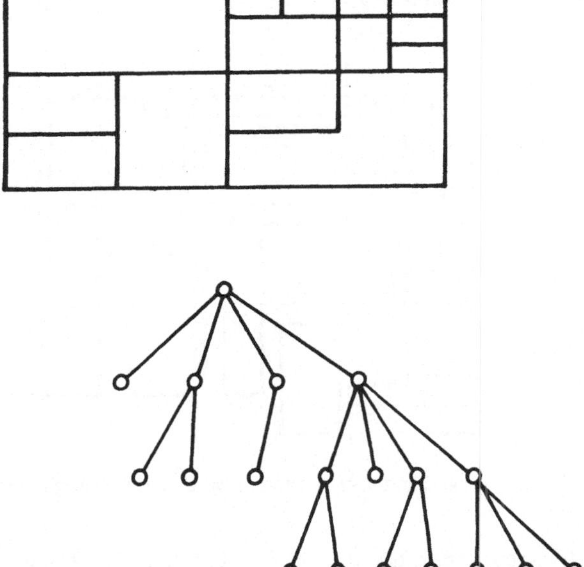

Bild 3.5: Beispiel zur Aufteilung der Layoutfläche mit korrespondierender Baumstruktur

Vorteile: Der hierarchische Entwurf eines Layouts läßt sich gut mit dieser Datenstruktur beschreiben. CIF-Symbole [25] sind z.B. in einer solchen Form gut zu erfassen. Das Absuchen eines Bereiches ist schnell durchführbar, da hierarchisch vorgegangen wird: Sofern ein Knoten nicht im betrachteten Bereich liegt, wird er nicht behandelt, andernfalls sind rekursiv alle Unterknoten zu durchsuchen.

Nachteile: Der schnelle Zugriff wird mit dem Abspeichern zusätzlicher Informationen (der Baumstruktur) erkauft und erfordert etwa den doppelten Speicherplatz [59]. Da eng beieinanderliegende Rechtecke in getrennten Zweigen gespeichert sein können, müssen für Nachbarschaftsbetrachtungen evtl. viele Knoten des Baumes durchsucht werden. Daher ist diese hierarchische Datenstruktur für eine Kompaktierung schlecht geeignet.

3.3.4 Strukturierung mit einem Gitter

Mit einem Gitter wird die Layoutfläche in gleich große Quadrate - sogenannte Bins [61] - unterteilt. Alle, ein Quadrat auch nur teilweise überdeckenden Elemente werden dort in einer Liste zusammengefaßt. Diese Liste kann evtl. wiederum weiter strukturiert sein.

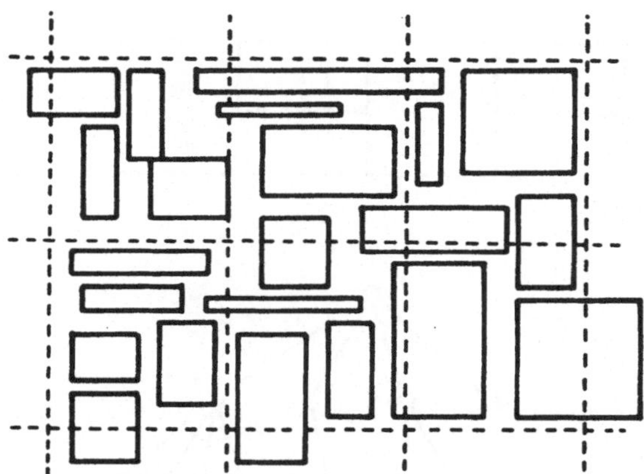

Bild 3.6: Unterteilung des Layouts mit einem imaginären Gitter

Ein zweidimensionales Array dient dem Zugriff auf die einzelnen Bereiche. Auf Objekte innerhalb eines vorgegebenen Bereiches kann schnell zugegriffen werden Die in Frage kommenden Quadrate sind leicht durch Koordinatenberechnung zu ermitteln und nur die hierin enthaltenen Elemente sind weiter zu untersuchen.

Die Gittergröße wird in Abwägung von Speicherplatz und Zugriffszeit (den beiden stets konkurrierenden Größen bei der Optimierung einer Rechneranwendung) gewählt. Große Quadrate bedingen eine längere Suchzeit, da sie mehr Elemente enthalten. Bei einem zu kleinen Raster müssen viele Elemente in mehrere Quadrate aufgenommen werden. Bei unterschiedlich großen Elementen können auch viele leere Quadrate auftreten.

Vorteile: Mit der Verwendung von Bins läßt sich ein Layout auf einfache Weise zweidimensional strukturieren. Der Aufwand für einen Zugriff ist nur mehr von der Größe eines Bins und nicht von der Elementeanzahl oder der Layoutgröße abhängig.

Nachteile: Die Wahl der optimalen Gitterweite ist vom aktuell vorliegenden Layout abhängig und muß vor dem Aufbau des Bildes getroffen werden.

Die beschriebene Strukturierung kann wesentlich verbessert werden, indem ähnlich wie bei den hierarchischen Strukturen, das Gitter feiner unterteilt wird oder mehrere Gitter mit unterschiedlicher Rasterung "übereinandergelegt" werden (z.B. zwei Gitter in Bild 3.7).

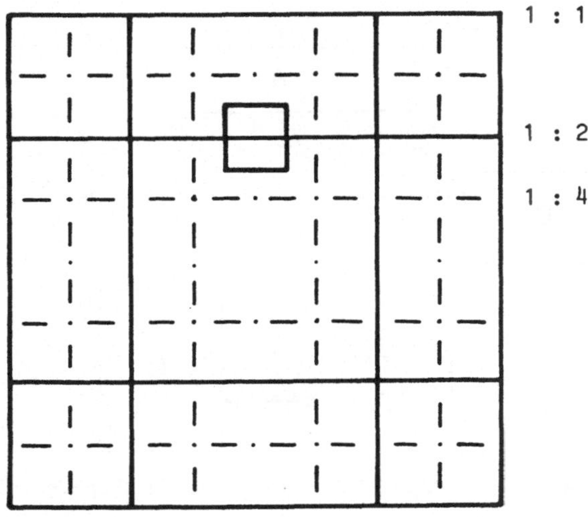

Bild 3.7: Strukturierung der Layoutfläche mit 2 versetzten Gittern

Mit einer einfachen Stufung der Raster in Potenzen von 2, fallen Gitterlinien aufeinander, was bei Elementen nahe der Bildmitte zu Problemen führt [60]. In [14] sind abweichende Zahlenfolgen zu finden. Abhilfe schafft z.B. die Verfeinerung des Rasterabstands der Stufe i mit 2^i-1 oder 2^i+1. Damit Gitterlinien nicht aufeinanderfallen, können die Raster auch um die halbe Gitterweite versetzt angeordnet werden. Beim Einfügen eines Elements an einem bestimmten Ort wird, ausgehend von der feinsten Auflösung, dasjenige Gitterfeld gesucht, in dem das Element ganz enthalten ist. Der Vorteil dieser verbesserten Struktur liegt darin, daß jedes Element genau einem Gitterfeld zugeordnet ist, und mit nur wenigen Operationen auf die Strukturen an einem Punkt zugegriffen werden kann. Diese, von der Elementeanzahl unabhängige Datenhaltung wird mit einem etwas größeren Verwaltungsaufwand erkauft. Beim Zugriff auf die Elemente in einem Bereich müssen alle, diesen Bereich schneidenden Gitterfelder durchsucht werden. Für sehr große Layouts ist der erhöhte Aufwand jedoch durch den schnellen Zugriff zu rechtfertigen.

3.3.5 Vernetzte Strukturen

Vernetzte Strukturen zeichnen sich dadurch aus, daß zusätzlich zum Abspeichern der Elemente mit einer der bereits beschriebenen Methoden, die lokalen Nachbarschaftsverhältnisse duch Verweise (Zeiger) festgehalten werden.

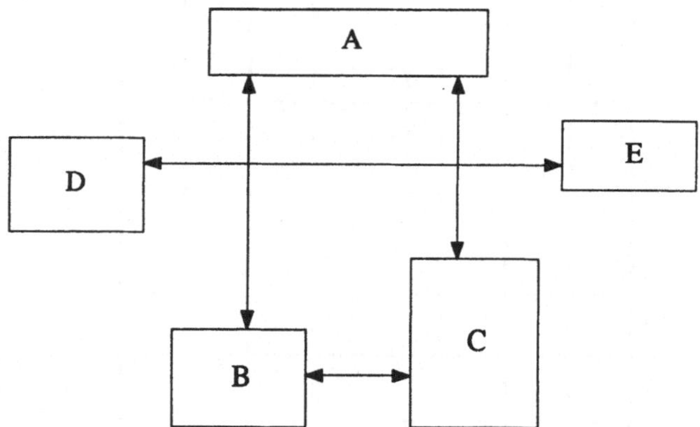

Bild 3.8: Beispiel für einfache Nachbar-Verweise

Bei CABBAGE [62] z.B. enthalten die Elemente (bzw. Elementegruppen) Verweise auf die Nachbarn, zu denen eine Abstandsbeziehung eingehalten werden muß.

Vorteile: Für Algorithmen, die das gesamte Layout behandeln (Entwurfsregelprüfung, Kompaktierung) sind relationale Informationen dort eingetragen, wo sie verwendet werden. Die Umsetzung in einen Graphen zur Berechnung der Minimalausdehnung in einer Dimension läßt sich damit rasch vornehmen.

Nachteile: Veränderungen in der Anordnung erfordern meist ein erneutes Aufstellen der Verweisstruktur, z.B. nach Benutzereingriffen oder nach einem Kompaktierungsschritt.
Hier, wie auch bei den vorangegangenen Verfahren wird freie Fläche im Bild nicht explizit ausgewiesen.

Eine lokal vernetzte Datenstruktur, die auch freie Flächen beschreibt, wurde 1982 von Ousterhout [63] vorgestellt. Die gesamte Fläche ist in Rechtecke (unterschiedlichen Typs) unterteilt, die durch Verweise - sog. Corner Stitches - an ihren Ecken zusammenhängen. Freie Fläche wird so unterteilt, daß sich maximal lange horizontale Streifen zwischen den Bauteilen ergeben (Bild 3.9).

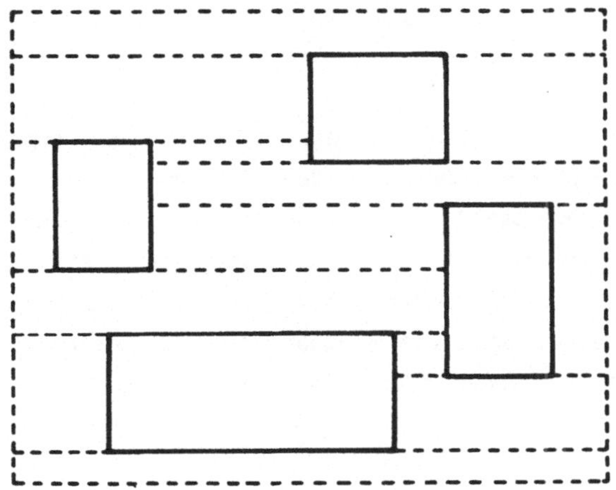

Bild 3.9: Repräsentation eines Gebietes mit "Corner-Stitches" [63]

Alle Elemente sind gleich aufgebaut mit 8 Verweisen (an jeder Ecke 2) auf die jeweils unmittelbar angrenzenden Flächen. Horizontale und vertikale Nachbarschaften sind damit gleichzeitig in einer Struktur dokumentiert.
Vorteile: Die auf diese Datenstruktur angewandten Operationen greifen nur auf lokal verfügbare Informationen zu und sind somit unabhängig von der Größe des Layouts. Lokale Veränderungen im Layout erfordern nur entsprechend lokale Eingriffe in die Datenbasis.

Nachteile: Durch das explizite Abspeichern der freien Flächen und die Verwendung der "Corner-Stitches" ist im Vergleich zu einfachen Datenstrukturen etwa der dreifache Speicherplatz erforderlich. Der Zugriff auf ein Element an einem bestimmten Punkt erfordert stets das Überqueren aller Flächen, die zwischen dem zuletzt betrachteten Element und dem gesuchten Ort liegen. Die Methode des "Corner-Stitching" erlaubt nur die Speicherung von Rechtecken mit achsenparallelen Kanten. Eine Erweiterung zur Verarbeitung schräger Kanten scheint nicht mit vertretbarem Aufwand möglich zu sein.

Zusammenfassend ist zur Auswahl der besten Kompromißlösung bezüglich der Datenstruktur festzustellen, daß jeweils die Größe des Layouts und der geplante Einsatz (interaktive Eingriffe oder off-line Algorithmus) zu berücksichtigen sind.
Bei Layoutbildern in der Hybridschaltungstechnik treten üblicherweise Elementezahlen im Bereich von 500 bis 10000 auf. Bei einem einseitig bestückten Substrat werden etwa 20 bis 30 Ebenen beteiligt sein. Bei 5% bis 30% der Leiterbahnen kann durch die Verwendung beliebiger Winkel ein Platzvorteil erzielt werden.

Daraus ist abzuleiten, daß für ein interaktives Programm bereits eine einfache (ggf. sortierte) Anordnung der Elemente bei geringem Implementierungsaufwand zu akzeptablen Reaktionszeiten führt. Erst bei höherintegrierten Schaltungen oder für off-line Algorithmen ist eine kompliziertere Struktur anzuraten. Da Schichtschaltungen wenig hierarchisch aufgebaut sind, wird in diesem Fall das Konzept einer Gitterstruktur den effizientesten Zugriff auf die Layoutinformationen ermöglichen.

4 Automatische Verdrahtung

Mit einem interaktiven Layoutsystem, das speziell für die Erfordernisse der hier behandelten Hybridtechnologie konzipiert ist [50-52], lassen sich Layoutbilder schnell und komfortabel erstellen. Bei großen Schaltungen fallen jedoch zahlreiche mühsame und fehlerträchtige Arbeiten an, die den Wunsch nach weiterer (Rechner-) Unterstützung aufkommen lassen. Der Designer soll dadurch für kreative Aufgaben entlastet werden und den Entwurf schneller und sicherer fertigstellen können.

Legt man beim physikalischen Layoutentwurf die bewährte Vorgehensweise von Plazieren und anschließendem Verdrahten zugrunde, so stellt sich zunächst die Frage, inwieweit die **Plazierungsaufgabe** mit einem automatischen Verfahren gelöst werden kann. Wenngleich Algorithmen zur Plazierung für andere Technologien erfolgreich eingesetzt werden [64,65], ergibt sich bei der Anwendung auf Hybridschaltungen kein befriedigendes Ergebnis. Ursache hierfür sind die unterschiedlichen Randbedingungen. Ein Hybridlayout wird z.B. nicht auf einem groben Raster angeordnet, denn die Bauteile zeichnen sich durch unterschiedlichste Formen und Abmessungen aus, und die Zielfunktion einer minimalen Verbindungsweglänge ist für eine günstige Plazierung nicht ausreichend. Auch Forderungen bezüglich der Bauteilhöhe können auftreten. Die endgültige Lage der vorplazierten Elemente ergibt sich in der Regel erst beim Verlegen der Leiterbahnen. Da die Fläche der diskreten Bauelemente nur etwa 25% bis 50% der Substratfläche ausmacht [66], wird deutlich, daß eine Plazierung dieser Elemente ohne Berücksichtigung der geometrischen Abmessungen der verbindenden Leiterbahnen nicht möglich ist.

Da hier einerseits sehr viele Randbedingungen zu berücksichtigen sind, andererseits die Anzahl der zu plazierenden Elemente noch gut überschaubar ist, werden die besten Ergebnisse mit einer manuellen Plazierung erreicht (siehe dazu auch die Literaturhinweise in Kapitel 1). In dem vorliegenden Buch werden daher Verfahren zur automatischen Plazierung nicht näher behandelt.

Zur Lösung der **Verdrahtungsaufgabe** hingegen sind verschiedene Grade einer Rechnerunterstützung zu diskutieren. Auch wenn eine vollautomatische Vorgehensweise prinzipiell möglich ist (wie bei Leiterplatten oder integrierten Schaltungen), sind aufgrund der vielfältigen Entwurfsregeln stets auch interaktive Eingriffe erforderlich.
Es werden daher im folgenden für die verschiedenen Arten der Verdrahtungserstellung - interaktiv oder vollautomatisch - Vorgehensweisen und neue Lösungsverfahren vorgestellt.

4.1 Verdrahtungshilfen bei interaktiven Eingriffen

Der interaktiv gesteuerte Aufbau der Verdrahtungsführung in einem Layout beinhaltet die beiden grundlegenden Arbeitsschritte Einfügen neuer und Verändern bestehender Verbindungen.

4.1.1 Einfügen neuer Verbindungen

Dient ein CAD-System nur als komfortables Zeichengerät, so sind zum Erzeugen einer Verbindung zwischen zwei Bauteilen die erforderlichen Leiterbahnstücke einzeln als achsenparallele oder schräge Leiterelemente einzugeben. Dieser Vorgang kann insbesondere für längere Verbindungen erleichtert werden, indem zunächst Start- und Zielpunkt der Leiterbahn spezifiziert werden. Die Verbindung wird daraufhin als kürzeste Linie ("Luftlinie" oder "Gummiband") zwischen den beiden Endpunkten dargestellt. Die detaillierte Leiterbahnführung entsteht durch Markierung der gewünschten Eckpunkte entlang des Verdrahtungsweges durch den Bediener und das automatische Einzeichnen horizontaler und vertikaler Leiterstücke mit der erforderlichen Breite.
Je nach Schaltungsart (Single- oder Multilayer) kann das System sofort die richtige Maskenzugehörigkeit der Leiterstücke eintragen. Auch lassen sich, ohne daß der Designer dafür Sorge tragen muß, bereits die in der Isolationsschicht erforderlichen Kontaktfenster vorsehen.
Auf diese Weise wird das Aufbauen einer neuen Verbindung schneller, übersichtlicher und weniger fehleranfällig.
Die zu verbindenden Punkte können jeweils interaktiv identifiziert werden oder bereits in einer Liste vorliegen. Eine solche Verdrahtungsnetzliste,

die alle Bauteile, ihre Anschlüsse und deren Netz-Zugehörigkeit enthält, ist gesondert aufzustellen oder aus einem zuvor eingegebenen Schaltplan zu extrahieren (siehe 4.2.2).
Das Vorgeben der Netzliste erfordert einen zusätzlichen Arbeitsschritt, der für eine vollautomatische Verdrahtung in jedem Fall notwendig ist, jedoch auch für interaktive Eingriffe von Vorteil sein kann, denn:

-- Bei der interaktiven Plazierung ist durch Darstellung aller gewünschten Verbindungen im Bild bzw. aller Verbindungen eines Bauteils als "Luftlinien" eine erste Beurteilung der Bauteilepositionen möglich und evtl. Verdichtungspunkte für die Verdrahtungsführung lassen sich erkennen.

-- Der Designer kann die Reihenfolge, in der die Verbindungen realisiert werden mit mehr Übersicht auswählen.

-- Sofern die Netzliste fehlerfrei ist, kann gewährleistet werden, daß alle Verbindungen aufgebaut werden, bzw. kann beim Verdrahten die Zulässigkeit der einzelnen Eingriffe kontrolliert werden.

-- Nach Fertigstellung des Layouts kann eine Netzliste der vorliegenden Verdrahtung extrahiert werden und mit der Liste der Soll-Verbindungen verglichen werden.

Der beschriebene Ansatz zur Rechnerunterstützung geht noch davon aus, daß die tatsächliche Leiterbahnführung vom Benutzer detailliert vorgegeben wird. Dies erfordert besonders für lange Verbindungswege mit vielen Eckpunkten zahlreiche Eingriffe, bei denen die Abstandsregeln jeweils genau beachtet werden müssen.
Zur Erleichterung dieses Vorgangs wird eine Kombination von interaktiver Vorgabe und automatischem Verdrahten vorgeschlagen: Der Benutzer wählt jeweils die zu verdrahtenden Punkte aus, die tatsächliche Verbindung wird mit einem Verdrahtungsalgorithmus (Kap. 4.3) ermittelt und das Ergebnis als Leiterbahnzug in das Layoutbild eingetragen.
Um z.B. zwei Punkte P1 und P2 zu verbinden, müssen dem Verdrahtungsprogramm nur die Elemente (Hindernisse) innerhalb eines Bildausschnitts übergeben werden. Dieses Fenster ist um einen Zusatzabstand d größer zu wählen als das von P1 und P2 aufgespannte Rechteck. Sofern innerhalb des Fensters kein Weg gefunden wird, ist der Verdrahtungsalgorithmus mit einem größeren Wert von d nochmals aufzurufen.

Der Vorteil dieser "hybriden" Vorgehensweise liegt darin, daß die Entscheidung, welche Verbindung gerade aufgebaut werden soll, ganz beim Benutzer liegt. Gerade die Auswahl dieser Reihenfolge (ordering), die wesentlich den Erfolg eines automatischen Routers beeinflußt, ist algorithmisch nur über heuristische Verfahren zu treffen [67-68]. Der Designer hat so zudem die Möglichkeit, jederzeit in die Verdrahtungsführung einzugreifen, lokal oder global Veränderungen vorzunehmen und dabei zusätzliche Kriterien, die nur schwer in allgemeiner Form parametrisierbar sind, zu berücksichtigen. Bei der Vorgabe von Start und Ziel für den Verdrahtungsalgorithmus ist aufgrund der besonderen Bauelementeformen in der Hybridtechnik wichtig, daß hier nicht nur ein Punkt sondern auch ein ganzer Bereich definiert werden kann.

-- Im allgemeinen Fall wird zur Verdrahtung eines Elementes ein bestimmter Punkt an einer Bauteilkante ausgewählt werden.

-- Zur Verdrahtung eines Widerstandes oder eines Anschlußpads kann eine ganze Bauteilkante (bzw. ein beliebiger Punkt entlang der Kante) als Start oder Zielpunkt vorgegeben sein.

-- Beim Anschluß von Bondpads oder Lötflecken darf jede Kante des Elementes (d.h. die nächstliegende) verwendet werden.

-- Zur Verdrahtung an ein bestehendes Verbindungsnetz ist jeder Punkt entlang der zugehörigen Leiterbahnstücke ein zulässiger Verbindungspunkt.

Die hier vorgeschlagene Kombination von interaktiver Vorgabe und automatischer Verdrahtung hat sich in der praktischen Anwendung sehr gut bewährt, da sie die Übersicht des Designers in geeigneter Weise mit den Vorteilen des Werkzeuges (Rechner) vereint [52].
Ein für die tatsächliche Verdrahtung geeigneter neuer Algorithmus, der die beschriebenen Forderungen erfüllen kann, wird in Kapitel 4.3 vorgestellt.

4.1.2 Automatische Leiterbahnnachführung

Unabhängig davon, ob die Verdrahtungsführung in einem Layout interaktiv oder automatisch generiert worden ist, wird es bei Entwurf oder Redesign erforderlich sein, daß der Designer nachträglich "von Hand" Veränderungen

in der Elemente- bzw. der Leiterbahnanordnung vornehmen kann. Je nach der Ursache des Eingriffs (Veränderung des Abstands zwischen zwei Strukturen oder Einsetzen eines neuen Bauteils) werden mehr oder weniger gravierende Modifikationen im Bild erforderlich sein.
Im folgenden werden zwei Methoden vorgestellt, wie beim Verschieben eines Elementes (Bauteil oder Leiterbahnstück) daran angrenzende achsenparallele Leiterbahnen automatisch angepaßt bzw. abgebaut und nachgeführt werden können. Sofern nur eine "lokale" Verschiebung erfolgt, d.h. die Topologie und die Nachbarschaftsverhältnisse gleichbleiben, ist die Anpassung der Verbindungsstruktur mit einem einfachen Algorithmus formulierbar.

I. Leiterbahnnachführung bei lokalen Veränderungen

Die folgende Fassung geht zunächst von einer achsenparallelen Verschiebung eines Elementes in einer Richtung d aus (d=horizontal oder vertikal mit $\bar{d}$ = orthogonale Richtung zu d). Für d = horizontal ist der Verschiebevektor $v=[d_x,0]$, für d=vertikal gilt $v=[0,d_y]$.

Algorithmus zur lokalen Leiterbahnnachführung

Das Bauteil b und die Verschieberichtung d mit Vektor $v=[d_x,d_y]$ sind interaktiv vorgegeben; dabei gilt $d_x=0$ oder $d_y=0$.

```
BEGIN
      Ermittle  P = b U Menge aller Leiterbahnen p_i mit Orientierung d̄
                    angrenzend an b;
      Ermittle  Q = Menge aller Leiterbahnen q_i mit Orientierung d,
                    angrenzend an Elemente aus P bei der Koordinate
                          x_i im Fall d=horizontal bzw.
                          y_i im Fall d=vertikal;
      Für alle Elemente p_i ε P DO
            verschiebe den Aufhängepunkt von p_i um v;
      Für alle Elemente q_i ε Q DO
            modifiziere das Element q_i so, daß die Koordinate
            x_i um v nach x_i' verschoben wird für d=horizontal bzw.
            y_i um v nach y_i' verschoben wird für d=vertikal;
END.
```

In Bild 4.1 ist anhand der Verschiebung eines Widerstandes in horizontaler und vertikaler Richtung die Nachführung der angrenzenden Leiterbahnen entsprechend obigem Algorithmus dargestellt.
Eine allgemeine Verschiebung mit $v=[d_x,d_y]$ läßt sich erreichen durch zwei nacheinander ausgeführte Verschiebungen $v_x=[d_x,0]$ und $v_y=[0,d_y]$. Dabei sind die Einzelverschiebungen bezüglich der Reihenfolge ihrer Anwendung kommutativ.
Die Leiterbahnnachführung mit dem beschriebenen Verfahren läßt in einigen Fällen unerwünschte Strukturen entstehen, die mit einer Nachbearbeitung zu beseitigen sind. In Bild 4.2 sind typische Fälle skizziert, in denen über eine einfache Absuche entlang der verschobenen Leiterbahn überflüssige

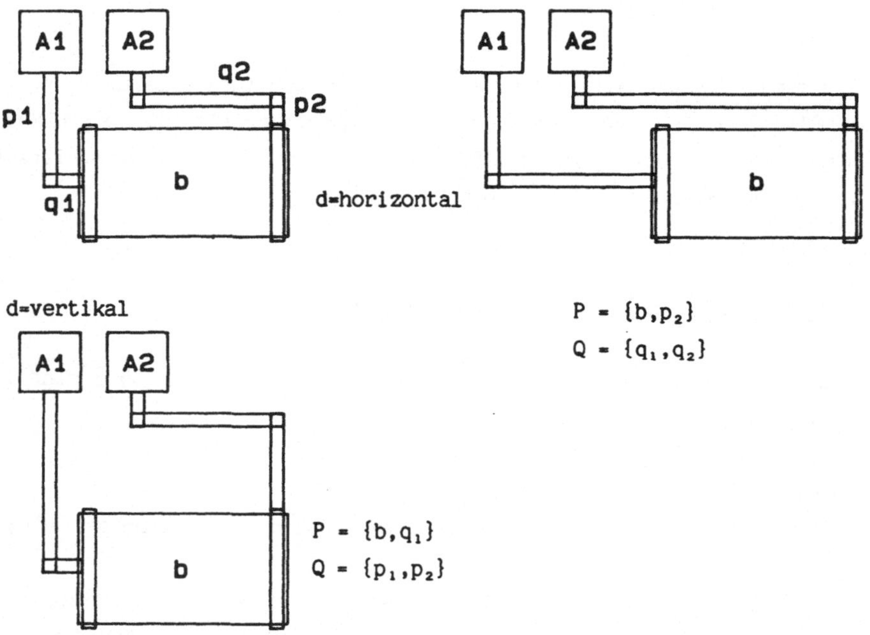

Bild 4.1: Leiterbahnnachführung bei der Verschiebung eines Bauteils

Teilstücke eliminiert wurden. In der Literatur ist eine ähnliche Nachbearbeitung wie in 4.2 d) bei Hightower [71] zur Wegverkürzung nach einer automatischen Wegesuche zu finden. Aufgrund der dabei vorgenommene Elimination von Leiterstücken sind allerdings Verschiebungen in X- und Y-Richtung nicht mehr beliebig vertauschbar.
Durch die beschriebene lokale Leiterbahnnachführung lassen sich kleine Änderungen im Layoutbild schnell durchführen. Vor allem bei der Verschiebung

von Elementen mit vielen Verbindungen macht sich die Arbeitsersparnis bemerkbar. Der einfache und damit schnelle Algorithmus unterstützt jedoch noch keine Berücksichtigung von Entwurfsregeln. Es bleibt hier Aufgabe des Designers, auf die Einhaltung der Abstandsforderungen zu achten.

II. Leiterbahnnachführung bei weiträumigen Verschiebungen

Bei weiträumigeren Verschiebungen oder Eingriffen wie Spiegeln und Drehen von Elementen ist das Aufrechterhalten der Verbindungsstruktur schwieriger zu lösen. Die bisherige Lage der Leiterbahnen wird sich meist nicht durch einfache Modifikationen an die neue Position des Bauteils anpassen lassen.

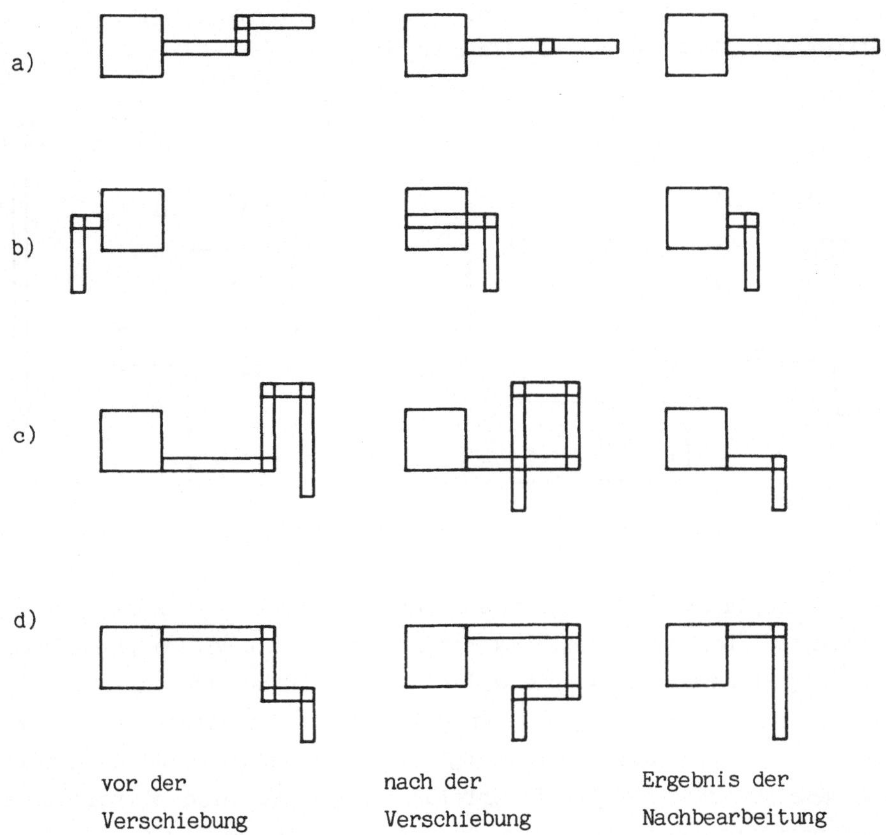

Bild 4.2: Leiterbahnnachführung bei Verschiebungen und Elimination überflüssiger Teile durch eine Nachbearbeitung.

Es wird daher vorgeschlagen, bei derartigen Eingriffen (vom Benutzer durch ein entsprechendes Kommando ausgelöst) zunächst alle an das zu verändernde Bauteil angrenzenden Leiterbahnen zu löschen. Diese Leiterbahn-Rücknahme erfolgt jeweils bis zum nächsten angeschlossenen Bauteil bzw. bis zu der nächsten Verzweigungsstelle in der Verdrahtung. Die Anfangs- und Endpunkte dieser Zweipunktverbindungen werden in einer Liste gespeichert. Sofern bereits eine Verdrahtungsnetzliste zum Entwurf des Layouts eingesetzt wurde, bedeutet dies, daß die abgebauten Verbindungen in dieser Liste wieder als "offene" Positionen zu markieren sind. Das ausgewählte Bauteil kann nun beliebig manipuliert werden, wobei die fehlenden Verbindungen jeweils als "Gummifäden" zur Unterstützung für den Bediener eingeblendet werden. Die anschließende Nachverdrahtung kann auf verschiedene Weise erfolgen. Der Designer muß die Leitungen nicht jeweils von Hand neu verlegen, sondern kann die Hilfe eines Verdrahtungsalgorithmus in Verbindung mit der zuvor aufgestellten (bzw. veränderten) Netzliste nützen.

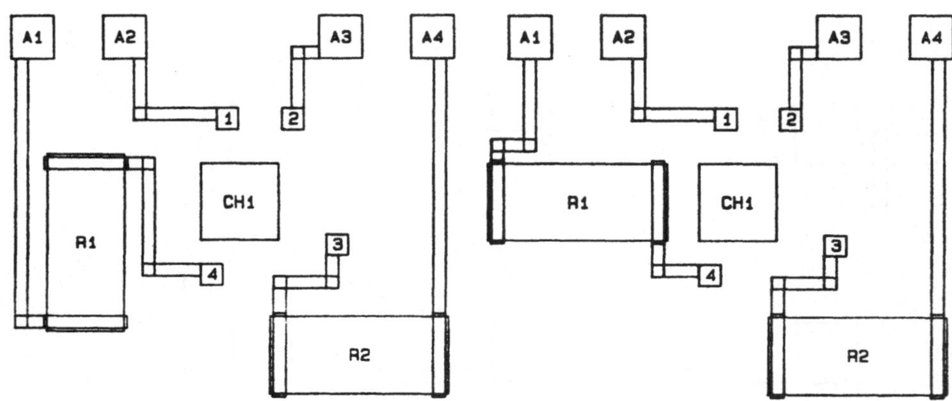

Bild 4.3: Automatische Nachverdrahtung beim Drehen eines Bauteils

Auf diese Weise lassen sich auch einschneidende Eingriffe im Bild problemlos durchführen. Bei der Veränderung eines Bauteils mit vielen Anschlüssen wird dem Designer angezeigt, welche Verbindungen wieder einzutragen sind, und ein automatisches Verdrahtungsprogramm kann sofort die abgebauten Leiterbahnen neu aufbauen. Die Realisierung einer derartigen Entwufsunterstützung hat gezeigt, daß die Arbeitserleichterung, die eine automatische Leiterbahnnachführung bietet, von der Komplexität des Layouts abhängt und je nach Entwurfsmethode des Designers unterschiedlich eingesetzt wird.

4.2 Vollautomatische Verdrahtung mit einem Standardverfahren

Bei der Darstellung von Verdrahtungshilfen für interaktive Eingriffe wurde bereits angesprochen, daß der Einsatz von Algorithmen zur automatischen Verdrahtung erforderlich ist. Es soll daher beschrieben werden, inwieweit sich bekannte Verdrahtungsverfahren für die Anwendung bei Hybridschaltungen eignen, bzw. welche Vorgehensweise dabei einzuhalten ist.
Die zahlreichen Verdrahtungsalgorithmen, die für die verschiedenen anderen Technologien der Mikroelektronik eingesetzt werden, lassen sich nicht unmittelbar auf das Verdrahtungsproblem beim Hybridlayoutentwurf anwenden. Ihre besonderen Vor- und Nachteile werden für eine geeignete Auswahl kurz diskutiert.

4.2.1 Auswahl des Verfahrens

Beim Leiterplattenentwurf sind Lösungen aufbauend auf dem **Lee-Algorithmus** [72] am weitesten verbreitet. Hier wird die Verdrahtungsfläche mit einem feinen äquidistanten Gitter aus freien und belegten Quadraten modelliert. Die Wegesuche in diesem Labyrinth erfolgt ähnlich der Ausbreitung einer Welle von einem (oder mehreren) Endpunkten aus. Jeder Zelle wird ein Zellmaß meist als n-Tupel von Zahlen $(k_1,k_2,...,k_n)$ zugeordnet, das den Zustand des Quadrates in Bezug auf seine Nachbarn widerspiegelt und das beim Fortschreiten der "Wellenfront" entsprechend monotoner Kostenfunktionen verändert werden kann. Sobald Start und Ziel verbunden sind, ist der Verlauf der kürzesten Verbindung über den Gradienten des Wegzellenmaßes festgelegt.
Die Ausbreitungsphase dieses Algorithmus stellt eine Pfadsuche im Graphen der existierenden Wege dar, die nach dem extensiven Prinzip des "breadth first search" [73,74] erfolgt. Die Ausbreitung erfolgt quasi-parallel von allen Knoten bzw. Zellen entlang der Wellenfront. Damit ist gewährleistet, daß ein vorhandener Weg in jedem Fall gefunden wird - bei mehreren Möglichkeiten kann der kürzeste Pfad verfolgt werden. Über das Wegzellenmaß bzw. die eingesetzten monotonen Funktionen sind zahlreiche Randbedingungen für die Verlegung einer Leiterbahn gut parametrisierbar. Auch mehrlagige Verdrahtungen oder Pfade mit 45° - Abschnitten sind realisierbar. Der Nachteil dieser einfach zu implementierenden Wegesuche liegt in dem großen Speicherplatz- und Rechenzeitbedarf; beide nehmen im ungünstigsten Fall

quadratisch mit dem Abstand von Start- und Zielpunkt zu. Die Bindung an ein festes Gitter wirkt sich beim Einsatz für Leiterplatten zunächst nicht störend aus.

In der Literatur werden zahlreiche Modifikationen des Lee-Algorithmus diskutiert, die darauf abzielen, die Wegesuche zu beschleunigen [75-77], oder besondere Entwurfskriterien in geeignete Kostenfunktionen für das Wegzellenmaß umzusetzen [78,79]. Es zeigt sich jedoch, daß durch eine Beschleunigung der Wegesuche die wichtige Eigenschaft - stets den kürzesten Weg zu finden - verlorengeht. Auch bei einer Reduzierung des Speicherplatzbedarfes [80] kann die Wegfindung nicht mehr in jedem Fall gewährleistet werden.

Mit einem **Liniensuchverfahren** wurde 1969 von Hightower ein Algorithmus vorgestellt, der ohne ein festes Gitter arbeitet [71]. In alternierender Folge wird ausgehend von Start- und Zielpunkt ein Verdrahtungsweg entlang achsenparalleler Fluchtlinien gesucht. Sofern eine Fluchtlinie l_1 an einem Hindernis terminiert, ohne daß ein Verbindungsweg hergestellt wurde, wird entlang der zu ihr senkrechten Fluchtlinie l_2 der Ort bestimmt, von dem aus wiederum eine Fluchtlinie (parallel zu l_1) an dem Hindernis vorbeifindet. Sobald sich Start- und Zielnetz kreuzen, liegt die Verbindung als Folge von abwechselnd horizontalen und vertikalen Fluchtlinienabschnitten fest. Es werden dabei nicht alle möglichen Pfade gleichberechtigt behandelt, sondern von der jeweils zuletzt aufgebauten Linie Auswege zur ihrer Fortführung gesucht. Da hier nicht wie beim Lee-Router alle von der Wellenfront überstrichenen Zellen markiert werden müssen, sondern nur die Information der Fluchtlinien anfällt, resultiert ein wesentlich geringerer Speicherplatzbedarf.

Im Graphen aller möglichen Verbindungswege führt dieser Algorithmus eine Suche nach dem Prinzip des "depth first search" [73,74] aus. Da diese Suche abgebrochen wird, sobald eine Lösung gefunden ist, kann sehr schnell ein Weg mit wenigen Knickpunkten gefunden werden. Ob daneben andere, evtl. wesentlich kürzere Pfade existieren bleibt unerkannt. Um den Verdrahtungsalgorithmus durch eine zielstrebige Suche möglichst schnell zum Erfolg zu führen, werden einmal untersuchte Fluchtlinien kein zweites Mal beschritten. Als Folge kann das Liniensuchverfahren nicht in jedem Fall eine Lösung garantieren, auch wenn ein Verbindungsweg exisitiert. Auch lassen sich zusätzliche Forderungen bezüglich der Verbindungsweglänge, der Anzahl der Ebenenwechsel usw. nicht oder nur schwer parametrisieren und es ist keine allgemeine Laufzeitabschätzung möglich. Das Verfahren ist sehr aufwendig zu implementieren und es sind mehrere Nachbearbeitungsprozeduren

erforderlich, um die gefundene Lösung in eine geeignete Wegführung umzusetzen. Der Nachteil, daß ein vorhandener Weg nicht immer gefunden wird, kann behoben werden, wenn jeweils nicht nur eine Fluchtlinie verfolgt wird, sondern alle möglichen Fluchtpunkte entlang einer Linie (allerdings wieder auf einem Raster) bei der Wegesuche betrachtet werden [81].
Die beiden vorgestellten Algorithmen - bzw. Modifikationen davon - stellen die wesentlichen Lösungsverfahren für das allgemeine Verdrahtungsproblem dar. Für spezielle Aufgabenstellungen, wie sie beim Entwurf integrierter Schaltungen auftreten, wurden verschiedene dedizierte Lösungen entwickelt wie "Channel-Router" [82-84], "Switchbox-Router" [85] oder "River-Router" [86]. Sie eignen sich nicht für den Hybridlayoutentwurf, da hier stets eine allgemeine Verdrahtung ohne besondere Kanäle vorliegt. Aus diesem Grund scheiden auch jene Methoden aus, die zunächst eine globale Kanalzuweisung ermitteln und danach die detaillierte Verdrahtung vornehmen [70,87-89]. Der Vergleich von Raster-Verfahren (nach Lee) und Liniensuchmethode zeigt, daß keines der Verfahren eine ideale Lösung darstellt.
So kann z.B Rothermel [90] für die besondere Aufgabe der Verdrahtung von Versorgungsleitungen nur durch eine Kombination beider Verfahren die jeweils spezifischen Vorteile nützen: In einem ersten Durchlauf wird mit einem Liniensuchverfahren verdrahtet, den Rest löst ein Lee-Router.
Für die Anwendung in der Hybridschaltungstechnik ist bei mittleren und kleinen Schaltungen ein "Lee-ähnliches" Verfahren am geeignetsten. Sein Vorteil liegt darin, daß die besonderen technologischen Forderungen sehr gut über das Wegzellenmaß modelliert werden können, wie z.B. eine Minimierung der Ebenenwechsel und mehr oder weniger bevorzugte Bereiche für die Verdrahtung. Zur Bearbeitung typischer Schaltungen läßt es sich auch im Hinblick auf Speicherplatz- und Rechenzeitbedarf noch gut auf einem Kleinrechner implementieren.

4.2.2 Vorgaben für die Verdrahtungsaufgabe

Wie bereits beschrieben, wird in der Regel zum Layoutentwurf eine Verbindungsnetzliste aufgestellt oder aus einem zuvor eingegebenen Schaltplan extrahiert.
Zur Schaltplaneingabe ist ein einfacher graphischer Editor ausreichend, der primitive Elemente-Symbole und verbindende Leiterbahnen - als einfache Linien - manipuliert. An diesen Schaltplan werden für eine mehrlagige Verdrahtung keine besonderen topologischen Forderungen gestellt, es sind

lediglich die Kontaktpunkte zwischen Leiterbahnen explizit zu markieren. Um die in einem solchen Plan vorliegende Verbindungsstruktur von E Elementen und N Netzen zu extrahieren, werden alle Elemente geordnet - z.B. nach aufsteigenden X-Koordinaten - und mit einem Abtastverfahren nacheinander bearbeitet. In einem Initialisierungsschritt werden alle L Leiterbahnstücke ($L \geq N$) durchnumeriert und es existieren zunächst L unterschiedliche Verbindungsnetze. Bei dem Abtastprozeß wird nun für jedes Element in systematischer Folge seine Bezeichnung und ggf. zusätzliche Information in eine Elementeliste eingetragen. Gleichzeitig ist über einen einfachen Koordinatenvergleich zu detektieren, welche Leiterbahnen und damit, welche Netze an das Element angrenzen. An einer Kontaktstelle zweier Leiterbahnen mit den Nummern i und j, $i,j \in \{1..L\}$ wird die größere Netznummer (z.B. j) durch i ersetzt. Gleichzeitig muß bei allen bereits ermittelten Netzzugehörigkeiten der Eintrag j durch i ersetzt werden.
Außerdem ist bei allen Netzen mit Nummer $k > j$, k durch k-1 zu ersetzen. Auf diese Weise ergeben sich nach einem einmaligen Abtasten des eingegebenen Plans genau N unterschiedliche Netze.

Die Bauteile, die entsprechend dieser vorgegebenen Netzliste zu verbinden sind, werden interaktiv auf der zur Verfügung stehenden Layoutfläche angeordnet. Für diese Plazierung wird der Designer die Vernetzung der Elemente nach außen und untereinander berücksichtigen. Ihre endgültige Lage werden sie meist erst nach einigen Iterationen der Arbeitsschritte Plazierung und automatische Verdrahtung einnehmen.
Mit Kenntnis der Elementeplazierung ist eine geeignete Aufteilung der zu realisierenden Netze in Zweipunktverbindungen möglich. Dazu wird der minimale Baum berechnet, der alle Endpunkte des jeweiligen Netzes enthält. In [73] ist ein Algorithmus der Ordnung $O(n^2)$ zur Lösung dieser Aufgabe für ein Netz mit n Knoten angegeben.
Als weitere Vorgabe muß für das Verdrahtungsgitter der geeignete Rasterabstand **r** entsprechend der technologischen Entwurfsregeln festgesetzt werden (nach Gl. 4.1).

$$r = \frac{d_i}{2} + d_a + \frac{l}{2} \qquad (4.1)$$

Dabei bedeutet: d_i = minimale Leiterbahnbreite
d_a = minimaler Außenabstand zwischen Fenster und Leiterbahn
l = Größe des Kontaktfensters beim Ebenenwechsel.

Schließlich ist für die Bauteile, deren Anschlußregionen alle auf dem Raster liegen müssen, anzugeben, ob einzelne Gitterpunkte oder größere Bereiche zur Kontaktierung zugelassen sind und inwieweit die vom Element überdeckte Fläche für die Verdrahtung zur Verfügung steht. Bei Dickschichtwiderständen wird in der Regel unter den Widerständen keine Leiterbahn verlegt. Die Einbauplätze für vorgefertigte Elemente können je nach Prozeß als frei oder gesperrt erklärt werden.

4.2.3 Wegfindung

Der Aufbau der gewünschten Zweipunktverbindungen erfolgt durch Ausbreiten einer "Wellenfront" ausgehend von Start- oder Zielbereich. Horizontale Leiterstücke liegen in der 1., vertikale in der 2. Verdrahtungsebene. Eine flexible Strategie regelt die Reihenfolge, in der diese Zweipunktverbindungen realisiert werden und auch die Größe des Fensterausschnitts innerhalb dessen jeweils nach einem zulässigen Weg gesucht wird. Beides wird durch den Abstandsvektor $d = [d_x, d_y]$ zwischen Start- und Zielpunkt bestimmt. Zuerst werden alle "kurzen" Verbindungen aufgebaut mit $|d| \leq d_k$. Diese verbinden meist Anschlüsse innerhalb von Bauteilen. Danach folgen diejenigen mit $d_x = 0$ oder $d_y = 0$ und schließlich die allgemeinen Verbindungen geordnet nach $|d|$. Um eine bestimmte Koordinatenrichtung zu bevorzugen, kann auch das Maß $| d_x + f d_y |$ mit dem Gewichtsfaktor f herangezogen werden. Sofern innerhalb des vorgegebenen Fensters kein Weg gefunden wird, beinhaltet die Verdrahtungsstrategie, in welchen Schritten das Fenster vergrößert werden soll, bis schließlich ein Weg gefunden wird oder die Verbindung als nicht realisierbar gemeldet wird. Bei der tatsächlichen Wegesuche werden über das Wegzellenmaß folgende Optimierungskriterien berücksichtig: minimale Weglänge, Anzahl der Durchkontaktierungen, Abstand der Leiterbahnen von plazierten Bauteilen und Wegführung möglichst nicht unter einem Bauteil. Die Flächennutzung kann zusätzlich verbessert werden, wenn kleine Wegabschnitte in der Richtung vertikal zur Vorzugsrichtung der jeweiligen Verdrahtungsebene zugelassen werden.

In Bild 4.4 ist das manuell verdrahtete Layout einer kleinen Verstärkerschaltung zu sehen. Bild 4.5 zeigt die gleiche Schaltung mit einer automatisch generierten Verdrahtung.

Untersuchungen an Schaltungsbeispielen verschiedener Komplexität zeigten, daß die hier vorgestellte automatische Verdrahtung eine wesentliche Arbeitserleichterung bietet.

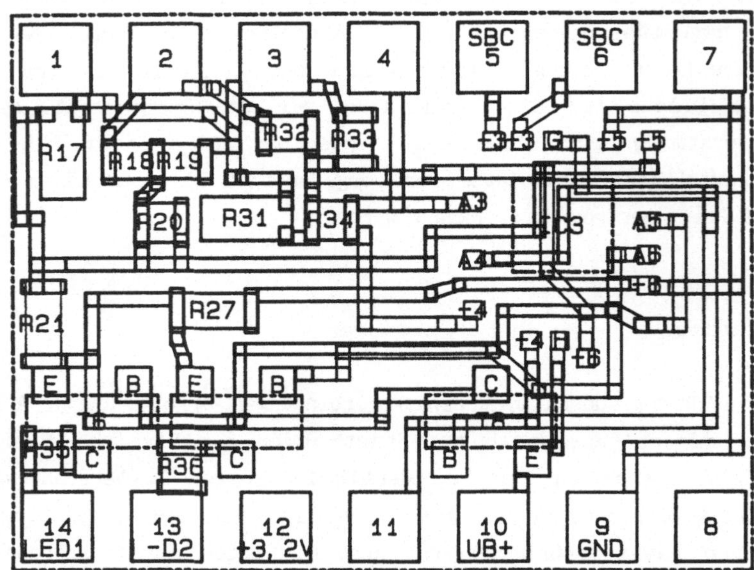

Bild 4.4: Zweilagig manuell verdrahtetes Layout

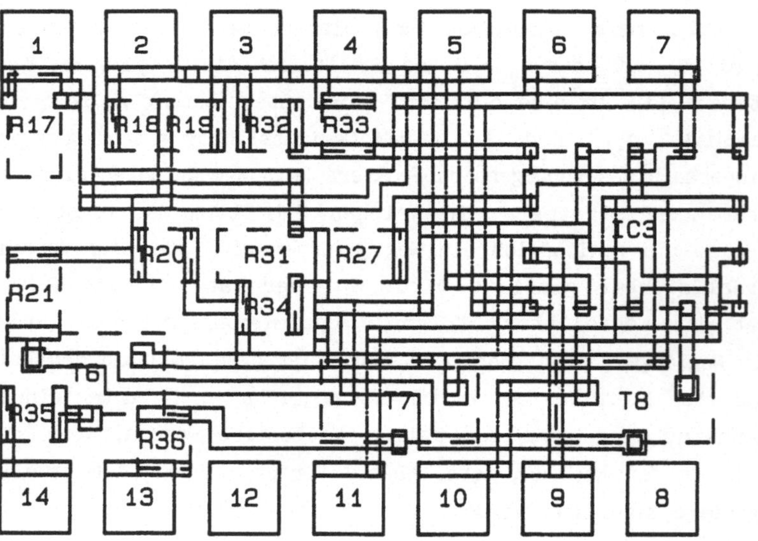

Bild 4.5: Ergebnis der automatischen Verdrahtung

In der Regel kann eine vollständige Verdrahtung nach ca. 2-5 Iterationen mit jeweils verbesserter Elementeanordnung gefunden werden. Allerdings muß dichten Schaltungen ein um ca. 15%-20% erhöhter Platzbedarf bei den automatisch erstellten Layouts in Kauf genommen werden [91]. Außerdem ist oft eine manuelle Nachbearbeitung erforderlich. So werden die Masken für die isolierenden Glasschichten durch interaktive Eingabe an den erforderlichen Stellen eingefügt.

4.3 Angepaßtes Gitter für eine rastergebundene Verdrahtung

Im letzten Kapitel wurde gezeigt, welche Vorgaben benötigt werden, um mit einem Verdrahtungsalgorithmus auf der Basis des Lee-Routers eine automatische Verdrahtung zu erzeugen. Der dabei erforderliche zusätzliche Platzbedarf resultiert aus dem zugrundegelegten Gitter dessen Rasterabstand **r** durch die Mindestabstandsforderungen für die Leiterbahnführung festliegt. Die Bauelemente wie z.B. Widerstände, deren Dimensionen sich aus ihren elektrischen Werten berechnen, müssen so in dieses Raster eingefügt werden, daß keine Abstandsforderung verletzt werden kann. Dazu muß der Bereich bis zum nächstgelegenen Rasterpunkt freigehalten werden, wodurch sich im Mittel ein zusätzlicher Platzbedarf von r/2 in einer Koordinatenrichtung ergibt.

Um auch diese Flächen wie beim manuellen Entwurf nützen zu können, wird eine neue, grundlegende Modifikation zur Modellierung der Verdrahtungsfläche vorgestellt. Sie erlaubt es, eine "Lee-ähnliche" Wegesuche auf einem, der Geometrie der vorgegebenen Bauteile angepaßten Gitter vorzunehmen. Bild 4.6 a) zeigt einen vereinfachten Ausschnitt aus einem Layout. Für ein herkömmliches Raster-Verdrahtungsverfahren würde es mit einem äquidistanten Gitter wie in Bild 4.6 b) überzogen.

Die Modellierung mit einem angepaßten Gitter ist in Bild 4.6 c) gezeigt. Bei der Transformation der Original-Layoutkoordinaten auf dieses neue Gitter werden die vorliegenden disjunkten Koordinatenwerte geordnet und jeweils auf eine der äquidistanten Gitterlinien abgebildet. Die so entstehenden Zellen sind entsprechend der Belegung der Originalfläche zu initialisieren. Der wesentliche Vorteil dieser Transformation liegt darin, daß exakt der für die Verbindungen vorhandene Platz von einem Verdrahtungsalgorithmus genützt werden kann. Je nach Anzahl und Verteilung der Elemente im Bild ist als Nebeneffekt auch eine Speicherplatzreduzierung zu beobachten. Für **n** Rechtecke sind im ungünstigsten Fall (es treten keine identischen Koordinaten auf) genau $(2n+1)^2$ Rasterzellen vorzusehen.

Die Wegesuche auf diesem Gitter kann nun wie bei dem vorgestellten rastergebundenen Verfahren erfolgen, allerdings mit wesentlich weniger Zellen.

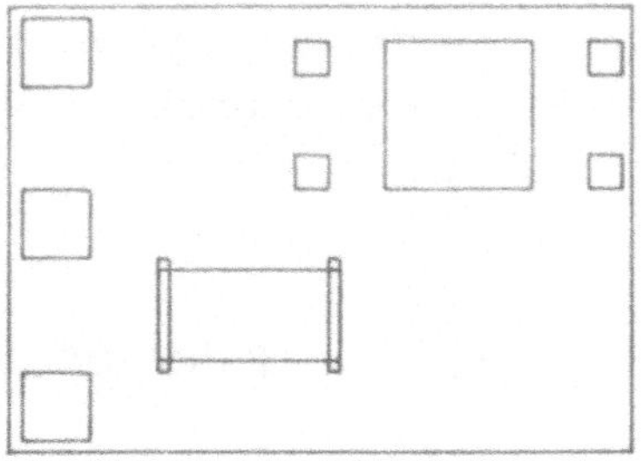

a) Ausgangs-Layout

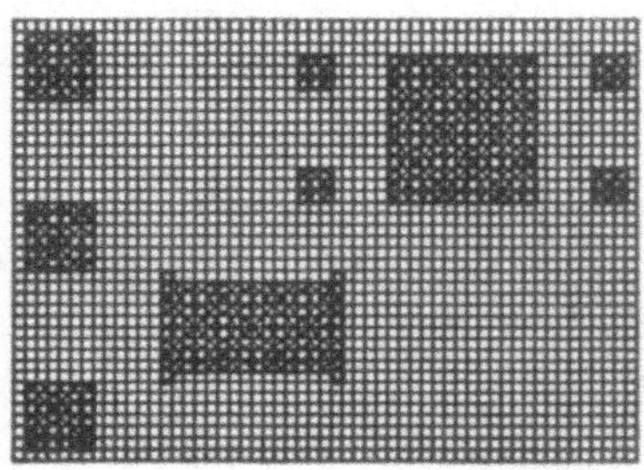

b) Äquidistantes Gitter

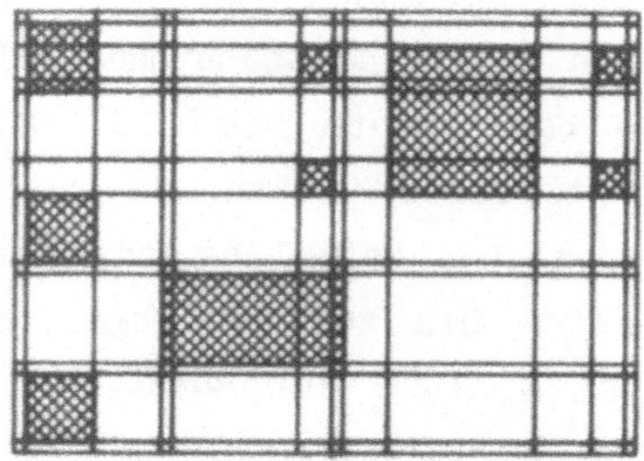

c) Angepaßtes Gitter

Bild 4.6: Modellierung der Verdrahtungsfläche mit einem Gitter

Die ermittelte Folge von Gitterzellen kann jedoch geringfügig von dem kürzesten Weg abweichen, da durch die Koordinatentransformation verschieden lange Strecken auf eine Einheit bzw. auf ein Matrixelement abgebildet werden. Um dies zu verhindern, sind Länge und Breite der Originalfläche im Wegzellenmaß zu berücksichtigen. Mit Hilfe dieser Information kann auch in der Ausbreitungsphase gewährleistet werden, daß nur jene Zellen als Verdrahtungsweg markiert werden, die selbst (oder gemeinsam mit ihren Nachbarn) ausreichend Platz für die zu verlegende Leiterbahn bieten. Sollen mehrere Verbindungen nacheinander in einem solchen Gitter verlegt werden, so ist die jeweils verbleibende Zellengröße zu speichern.

Zur Verlegung nur einer Leiterbahn kann eine abstandsrichtige Wegführung auch dadurch erreicht werden, daß vor der Transformation alle Bildelemente um eine Mindestgröße **d** (halbe Leiterbreite + Sicherheitsabstand) vergrößert werden. Dadurch steht jedes verbleibende Gitterfeld - unabhängig von seiner Größe - als möglicher Verdrahtungsweg zur Verfügung.

Die tatsächliche Plazierung der Leiterbahnen in den ermittelten Zonen erfolgt unter Berücksichtigung der Mindestabstände möglichst nahe am Rand z.B. entlang der linken und unteren Kante dieser Zone, um den verbleibenden Platz ganz für später zu verlegende Verbindungen freizuhalten. Die im Kapitel 4.1 gezeigten Layoutbilder mit automatischer Verdrahtung wurden mit Hilfe einer einfachen Rasterverdrahtung auf der Basis dieser Koordinatentransformation erzeugt.
Gerade zur automatischen Unterstützung von interaktiven Eingriffen, bei denen kleine Layoutbereiche zu verdrahten sind, zeigen sich die Vorteile dieser neuen Modellierung. Durch die einfache Abbildung kann die zwischen den Hybridelementen beliebiger Größe zur Verfügung stehende Fläche ganz genützt werden.

4.4 Neues rasterfreies Zonensuchverfahren

In Weiterführung der in Kapitel 4.3 vorgestellten Modellierung lassen sich auch die Vorteile eines Liniensuchverfahrens mit einem ähnlichen Modell nützen. Der von Hightower vorgestellte Algorithmus erlaubt bereits eine Wegesuche, die ohne ein festes Raster arbeitet. Die dort angewandte Suche entlang von Fluchtlinien wurde von Johns [92] erweitert auf die Ausbreitung von Zonen. Als Vorteil ergibt sich, daß ein vorhandener Weg tatsächlich gefunden werden kann, wenn alle Möglichkeiten zur Ausbreitung ausgehend von Start- und Zielzone in Betracht gezogen werden. Die Information, durch welche Hindernisse die Zonenerweiterung jeweils begrenzt ist, ermittelt Johns mit Hilfe eines "vierdimensionalen binären Suchbaumes".

In noch einfacherer Weise läßt sich eine solche Wegesuche mit der im folgenden beschriebenen Datenstruktur vornehmen. Die Layoutelemente sind dazu ähnlich wie im letzten Kapitel auf ein angepaßtes Gitter abzubilden, wie das Kanalmodell in Bild 4.7 zeigt.
Die zwischen den Elementen festgelegten Zellen oder Kanäle sind eindeutig definiert: Jede Bauelementekante wird geradlinig bis zum nächsten Bauteil (nicht leere Fläche) oder zum Layoutrand verlängert. Auf diese Weise ergibt sich eine, von anderen Kanalmodellen [70,87-90,93] abweichende, einfache Strukturierung der für die Verdrahtung freien Fläche. Charakteristisches Merkmal ist, daß jede so erzeugte Verdrahtungszelle genau 4 Nachbarbereiche (in den Richtungen "Nord", "West", "Süd" und "Ost") besitzt, wodurch bei der Wegesuche in einer Richtung keine Zweideutigkeiten entstehen können.

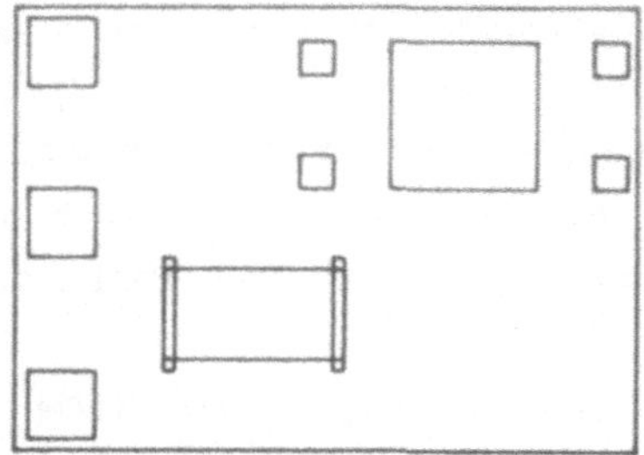
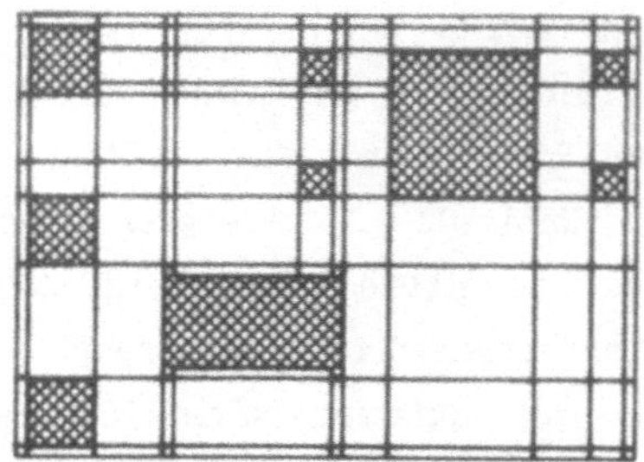

Bild 4.7: Kanalmodell zur Zonensuche (Ausgangs-Layout und Gitter)

Das vorgestellte Kanalmodell enthält die minimale Anzahl von Zellen, die dieser Eindeutigkeits-Bedingung genügen. Ein darauf aufbauender Verdrahtungsalgorithmus kann daher sehr effizient realisiert werden.
Die zu verdrahtenden Strukturen sind beliebige rechtwinklige Polygone mit achsenparallelen Kanten. Die Koordinaten sind an kein festes Raster gebunden; disjunkte Werte werden auf unterschiedliche Linien im Modell abgebildet. Zum Aufbau dieser Modellierung kann z.B. wie in Kap. 4.3 das Layout zunächst in ein äquidistantes Gitter transformiert werden. Danach lassen sich die überflüssigen Rechtecke eliminieren bzw. verschmelzen. Die rechnerinterne Darstellung solcher Objekte erfolgt mit dynamischen Informationsstrukturen, die es erlauben, von jeder Zelle aus über einen Verweis auf ihre Nachbarn zuzugreifen. Da auch hier Originalstrecken unterschiedlicher Größe auf gleiche Zellen abgebildet werden, muß die ursprüngliche Ausdehnung im Zellenmaß festgehalten werden.
Die Vorteile dieser Kanalmodellierung liegen darin, daß unterschiedliche Verdrahtungsstrategien leicht zu implementieren sind.
Bei dem auf dieses Modell angewendeten **Zonensuchalgorithmus** wird in einem Initialisierungsschritt von Start- und Zielpunkt aus eine Wegesuche in alle 4 Koordinatenrichtungen begonnen. Aus der Menge der ein einem Suchschritt erreichten Zellen werden geeignete **Fluchtzonen** ausgewählt. Diese Fluchtzonen (oder -Zellen) zeichnen sich dadurch aus, daß von ihnen aus die Wegführung orthogonal zu der vorangegangenen Ausbreitungsrichtung weitergeführt werden kann.
Die Suche erfolgt, beginnend bei einer der im Initialisierungsschritt gefundenen Fluchtzonen, alternierend von Start- und Zielnetz aus. Sobald sich die beiden Netze bei der Ausbreitung schneiden, existiert ein Weg, der von der gemeinsamen Zelle aus zurückverfolgt wird. Die Auswahl der Wegzellen geschieht dabei anhand des Gradienten des Wegzellenmaßes.

Über dieses Maß lassen sich verschiedene Optimierungskriterien parametrisieren (wie Weglänge, Anzahl der Durchkontaktierungen, Vorzugsrichtung, Kanalverdichtung). Die tatsächliche Leiterbahnverlegung wird analog zur rastergebundenen Verdrahtung entlang der Zellengrenzen vorgenommen.

Zonensuch-Algorithmus zur Kanalverdrahtung

```
BEGIN
    Einlesen der Layoutdaten;
    Aufbau des Kanalmodells;
    Zonensuche;
    IF  kein Weg gefunden  THEN  EXIT;
    Rückwärts-Algorithmus;
    Ausgabe der verlegten Leiterbahn;
END.

PROCEDURE  Zonensuche
BEGIN
    (* Initialisierung *)
    FOR  Ausgangszelle := Startzelle, Zielzelle  DO
    BEGIN
        Wegesuche von der Ausgangszelle in alle 4 Koordinatenrichtungen;
        Alle dabei gefundenen Fluchtzellen nach Netz und Richtung geordnet
        in Kellerspeicher ablegen;
    END;
    (* Wegesuche *)
    Wähle aktuelles Netz und seine Ausbreitungsrichtung;
    WHILE  Zellen in einem Kellerspeicher  DO
    BEGIN
        Hole die Fluchtzone für das aktuelle Netz und seine Ausbreitungs-
        richtung vom entsprechenden Kellerspeicher;
        Suche alle freien Nachbarzellen in Ausbreitungsrichtung;
        IF  Verbindung gefunden  THEN  markiere gemeinsame Zelle,  EXIT;
        Fluchtzonen ermitteln und in Kellerspeicher ablegen;
        Wechsle das aktuelle Netz und seine Ausbreitungsrichtung;
    END;
    IF alle Kellerspeicher leer und kein Weg gefunden: es existiert kein Weg
END;
```

Bild 4.8 a): Zonensuche zur Verdrahtung mit dem Kanalmodell

```
PROCEDURE  Rückwärts-Algorithmus

BEGIN
    FOR  Ausgangsfeld := Startfeld, Zielfeld  DO
    BEGIN
        Aktuelle Zelle := gemeinsame Zelle von Start- und Zielnetz;
        WHILE  Ausgangsfeld ist nicht erreicht  DO
            Wähle, ausgehend von der aktuellen Zelle den Nachbarn mit dem
            größten Gradienten im Wegzellenmaß in Richtung auf das Aus-
            gangsfeld hin als neue aktuelle Zelle und markiere sie als Pfad;
    END;
    Verknüpfe beide Wege und verlege die Leiterbahn in den Pfadzellen;
END;
```

Bild 4.8 b): Rückwärts-Algorithmus zur Zonensuche

Die Zonenerweiterung stellt eine Suche nach dem Prinzip des "depth first search" mit "backtracking" auf dem Graphen aller möglichen Verbindungen zwischen den Zellen dar. Da jede Fluchtzone für eine Wegesuche in Betracht gezogen werden kann, wird das Auffinden eines existierenden Weges in jedem Fall sichergestellt. Das Schema des Algorithmus ist in Bild 4.8 dargestellt.

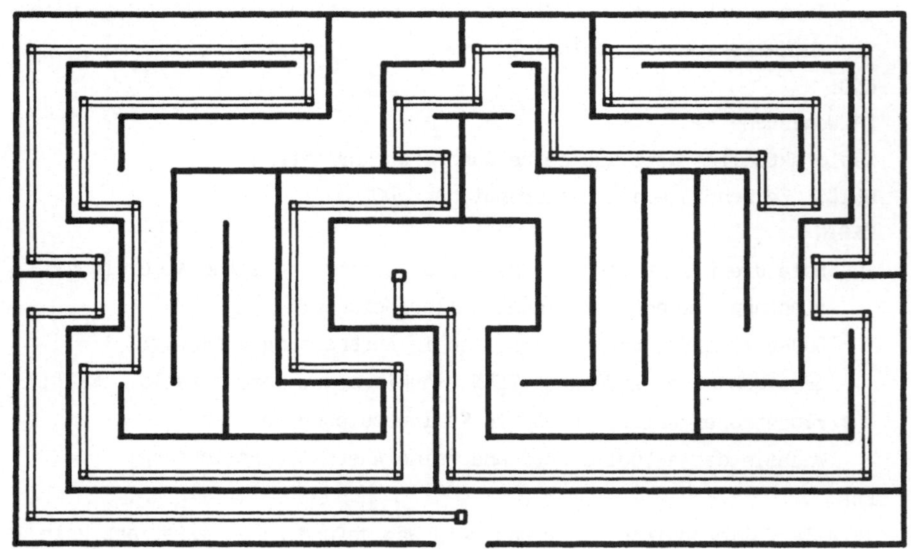

Bild 4.9: Beispiel zur Wegfindung mit dem Zonensuchverfahren

Die besonderen Merkmale des vorgestellten Algorithmus liegen in dem einfachen und eindeutigen Kanalmodell sowie der Flexibilität der verwendeten Ausbreitungsstrategie.
Kernpunkt bei der Zonensuche ist das Kriterium zur Auswahl der Fluchtzonen. Da jede ermittelte Fluchtzone Verzweigungspunkt für eine weitere Netzausbreitung sein kann, wird ein vorhandener Weg stets gefunden. Das Kanalmodell hält die für die Zonenausbreitung wichtige Information - wie die Wegesuche von einer Zelle aus fortgeführt werden kann - jeweils lokal bereit, da von allen Zellen über Verweise auf ihre Nachbarn zugegriffen werden kann.
Die Zonensuche ist, verglichen mit den Rasterverfahren aufwendiger zu implementieren. Bei mehreren möglichen Wegen wird nicht notwendigerweise der kürzeste ausgewählt. Je nach Verdrahtungsaufgabe kann die Zonenausbreitung wesentlich schneller zum Ziel führen als die extensive Rastersuche. Laufzeitabschätzungen sind jedoch aufgrund der heuristischen Vorgehensweise bei der Wegauswahl ebenso wie bei Liniensuchverfahren [71] nicht aussagekräftig.

Die besondere Eignung dieses Algorithmus für den Einsatz im Hybrid-Layoutentwurf liegt in der Unabhängigkeit von einem festen Raster begründet.

5 Entwurfsregelprüfung

Nach jeder Phase des Entwurfsablaufs (Bild 1.1) ist es zweckmäßig, in einem Prüfschritt die Einhaltung der jeweils relevanten Entwurfsregeln sicherzustellen. Ziel ist es, alle vorauskalkulierbaren Fehler zu vermeiden und möglichst kein Redesign aufgrund von Unachtsamkeiten bei der Umsetzung (in das Layout bzw. in die gefertigte Schaltung) vornehmen zu müssen.

Bei der Prüfung des fertiggestellten Layouts wird unterschieden zwischen elektrischen und geometrischen Entwurfsregeln. Die **elektrische** Prüfung erfordert zunächst eine Extraktion der Netzliste aus der realisierten Schaltung und den anschließenden Vergleich mit der Soll-Netzliste. Kurzschlüsse sowie nicht oder falsch angeschlossene Leitungen sind so rechtzeitig erkennbar. Sofern das Schaltungsverhalten mit einer Simulation überprüft wird (z.B. für Anwendungen bei hohen Frequenzen) ist außerdem eine Extraktion parasitärer Eigenschaften (Widerstands- und Kapazitätsbelag von Leitungen) und deren Berücksichtigung bei der Simulation zweckmäßig.

Zur Prüfung auf Einhaltung der **geometrischen** Entwurfsregeln (Abstandsforderungen zwischen den Elementen) sind Lösungsverfahren bekannt, die allerdings oft nur rechtwinkelige Strukturen verarbeiten [94-97].
Für die Prüfung der geometrischen Entwurfsregeln in der Hybridtechnik ist ein allgemeines und flexibles Verfahren erforderlich, um den vielfältigen Forderungen gerecht zu werden, die je nach Schaltung und Ebenenzahl unterschiedlich sein können. Der Prüfalgorithmus muß auch in der Lage sein, Strukturen (z.B. Leiterbahnen) mit beliebigem Winkel zu behandeln.
Zur Lösung dieser Aufgabe wird hier ein neuer Weg beschritten, bei dem zunächst aus dem Layout die Stellen extrahiert werden, an denen eine bestimmte Entwurfsregel relevant ist. In einem zweiten Schritt sind die gefundenen Strukturen auf die Einhaltung der Abstandsforderungen zu überprüfen. Beides wird durch die Kombination logischer und geometrischer Operationen, angewandt auf allgemeine Polygone, erreicht. Als Ergebnis werden eventuelle Verletzungen der Entwurfsregeln graphisch ausgegeben.

5.1 Geometrische Entwurfsregeln

Die geometrischen Entwurfsregeln der Dickschicht-Hybridtechnik lassen sich in vier wesentliche Grundtypen einteilen:

-- Mindestbreiten (z.B. für Leiterbahnen, Anschlußflecken, Bondflecken)

-- Mindestabstände (z.B. zwischen Leiterbahnen)

-- Mindestüberlappungen (z.B. von Leiterbahn und Bondfleck oder von Glasschicht und Leiterfläche)

-- Maximalabstände (z.B. zwischen Bondfleck und Chipfläche eines Elementes, das über Bonddrähte kontaktiert wird).

Beispiele hierfür sind Bild 5.1 zu entnehmen. Für genauere Details wird auf [37-39] verwiesen.

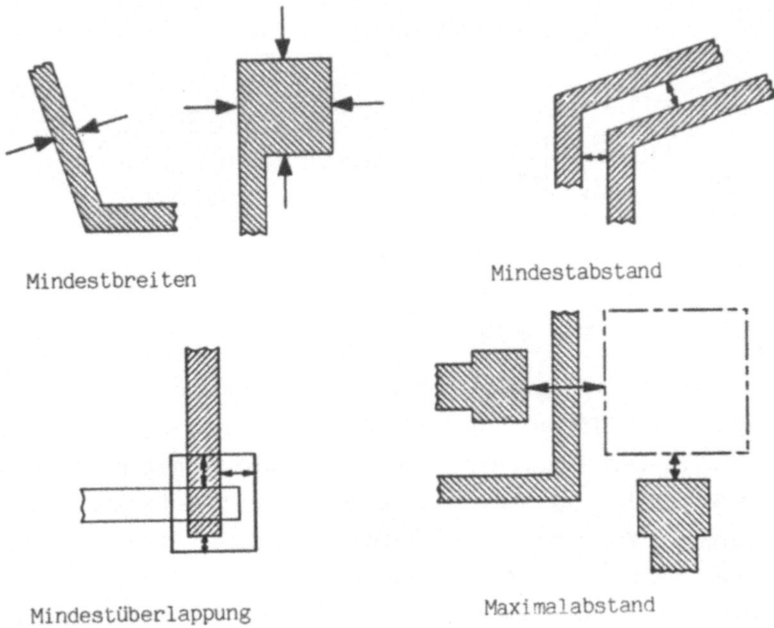

Bild 5.1: Geometrische Entwurfsregeln

5.2 Prinzipielle Methoden der Layoutüberprüfung

In der Praxis (siehe z.B. [98]) finden für die geometrische Layoutüberprüfung zwei prinzipiell unterschiedliche Vorgehensweisen Anwendung. Sie werden im folgenden kurz vorgestellt.

5.2.1 Direkte Verfahren

Bei den hier als direkt bezeichneten Verfahren wird eine Stelle im Layout nach der anderen genau einmal in Augenschein genommen und auf Einhaltung aller dort geltenden Entwurfsregeln überprüft (Bild 5.2). Algorithmen, die eine solche lokale Betrachtungsweise anwenden, können leicht implementiert werden und erfordern lediglich, daß jeweils ein kleiner Bildausschnitt im Arbeitsspeicher zur Verfügung steht. Mit ihnen sind jedoch komplizierte und weiträumige Abstandsforderungen nicht oder nur mit sehr langen Ausführungszeiten zu erkennen. Eine Strukturierung der Problemlösung ist nur bezüglich der Abarbeitung der Bildfläche gegeben.

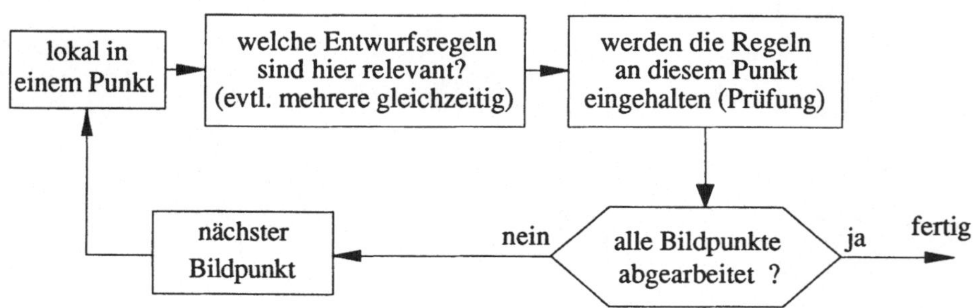

Bild 5.2: Lokale Betrachtungsweise

Beispiele für eine direkte Vorgehensweise sind:

-- Rasterverfahren: Das Layout wird auf ein feines Raster abgebildet, über das sich ein Prüffenster hinwegbewegt um es systematisch abzuarbeiten [99,100]. Dieses Fenster muß genügend viele Planquadrate beinhalten, um eine eineindeutige Identifizierung aller im Fenster relevanten Entwurfsregeln sicherzustellen. Durch Vergleich des erfaßten Ausschnitts mit einer Menge von Referenzbildern werden dann die nötigen Aktionen ausgelöst. Bei einem Fenster von **n** Quadraten, die jeweils mit **m** unterschiedlichen Ebenen belegt sein können, ergeben sich m^n Referenzbilder. Die Kantenlänge **l** eines Suchquadrats muß größer als die minimale

Entwurfsregeldistanz **d** gewählt werden. Der Versatz benachbarter Bildausschnitte darf maximal 1-d betragen. Da die Anzahl der Referenzbilder mit der Anzahl der Planquadrate exponentiell anwächst, ist dieses Vorgehen nur für einfachste Aufgaben praktikabel, bei denen das Fenster sehr klein sein kann.

-- Quadrantenverfahren: Das Rasterverfahren kann rationalisiert werden, indem nicht notwendigerweise alle Flächen im Layout überprüft werden, sondern nur die Stellen, an denen Elemente plaziert sind. Das Suchfenster kann z.B. an alle Eckpunkte von Strukturen im Layout positioniert werden [98,101]. Durch Betrachtung der vier Quadranten, in die das Fenster aufgeteilt wird, können die am jeweiligen Eckpunkt relevanten Entwurfsregeln identifiziert und deren Einhaltung geprüft werden.

Bei beiden Vorgehensweisen ist eine Anpassung an veränderte oder neue Entwurfsforderungen nur mit großem Aufwand zu implementieren.

5.2.2 Merkmalsgewinnung und -prüfung

Der Ansatzpunkt für die Methode der Merkmalsgewinnung mit anschließender Prüfung der gewonnenen Merkmale [102,103] besteht darin, die Abprüfung der Entwurfsregeln zu sequentialisieren und dabei global das gesamte Layout zu betrachten, sodaß sich folgender Ablauf ergibt:

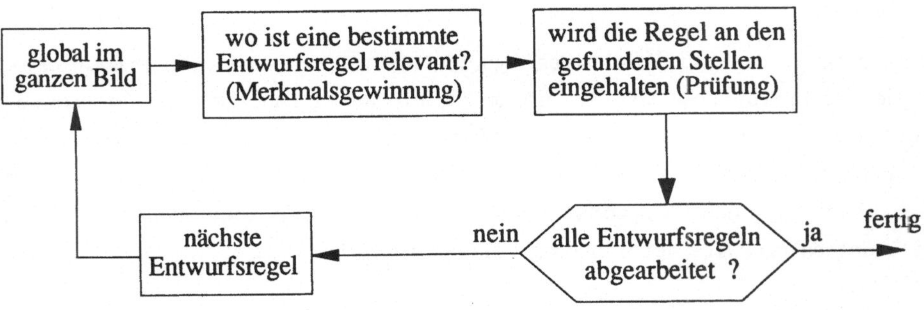

Bild 5.3: Globale Betrachtungsweise für jede Entwurfsregel

Bei den "Merkmalen" einer Entwurfsregel handelt es sich um geometrische Figuren, die

-- jene Stellen im Layout beinhalten, an denen eine bestimmte Entwurfsregel überhaupt beachtet werden muß und die

-- so beschaffen sein müssen, daß mittels einfacher geometrischer Prüfungen (z.B. der Mindestbreiten oder der Mindestabstände), die auf diese Merkmale angewendet werden, eine Aussage bezüglich der Einhaltung der Entwurfsregel gemacht werden kann.

Die beiden zentralen Aktionen Merkmalsgewinnung und Merkmalsprüfung werden im folgenden durch einfache logische und geometrische Operationen (wie z.B. Invertieren, Verschmelzen oder Vergrößern) gelöst. Die gesamte Entwurfsüberprüfung kann somit als leicht verständliche Abfolge primitiver Grundoperationen formuliert werden. Ein Einfügen, Entfernen oder Abändern von Entwurfsregeln im gesamten Prüfablauf ist mit diesen Operationen jerderzeit problemlos möglich.
Die große Flexibilität läßt die Methode der Merkmalsextraktion- und prüfung für die Layoutüberprüfung bei Hybridschaltungen als besonders vorteilhaft erscheinen.

5.3 Hilfsmittel zur Merkmalsgewinnung

Im Gegensatz zur interaktiven Manipulation, bei der die Form des Rechtecks am häufigsten auftritt, werden die Layoutstrukturen für die Entwurfsregelprüfung als Polygone dargestellt.

5.3.1 Darstellung der Elemente als Polygone

Ein Polygon, das die Form eines Hybridelementes in einer bestimmten Layoutebene beschreibt, besteht aus einem geschlossenen Kantenzug von gerichteten Strecken. Um damit eindeutig Flächen mit innenliegenden Aussparungen ("Löchern") in einer ansonsten leeren Ebene definieren zu können, wird dem Umlaufsinn des Polygons eine feste Bedeutung zugeordnet. Folgende willkürlich gewählte Vereinbarung sei verbindlich:

> Werden die Kanten eines Polygons im Umlaufsinn durchlaufen, so befinde sich die zu begrenzende Fläche stets zur Linken. Linksdrehende Polygone schließen also Flächen, rechtsdrehende hingegen Löcher in Flächen ein.

Außerdem wird gefordert, daß die Polygone "regulärer" Art sind, d.h., es muß sich stets ein Umlaufsinn angeben lassen, der für das gesamte Polygon gilt. In Bild 5.4 ist ein reguläres Polygon und ein irregulärer Sonderfall gezeigt.

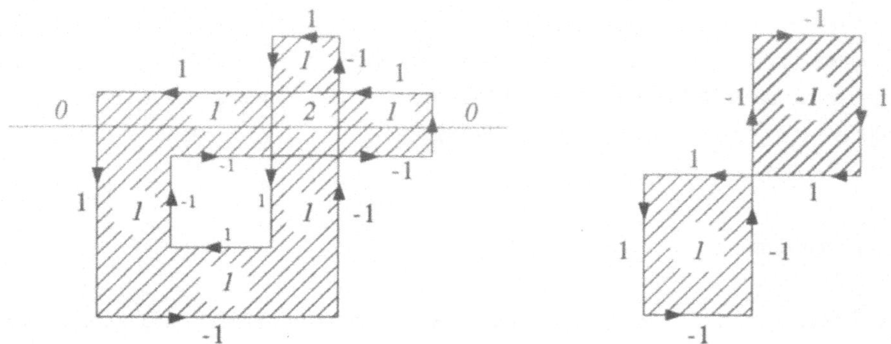

Bild 5.4: Reguläres Polygon und irregulärer Sonderfall mit einer "negativen" Fläche

Die im weiteren beschriebenen Algorithmen tolerieren im Gegensatz zu anderen Verfahren [104] eine Selbstüberlappung von Figuren, sofern daraus nicht ein Wechsel im Umlaufsinn resultiert.
Die verschiedenen Möglichkeiten zur Repräsentation dieser Figuren unterscheiden sich insbesondere durch die Datenmenge, die zum Abspeichern der Punkte oder Kanten aufgewandt wird, wobei die jeweils redundante Zusatzinformation von der gegebenen Aufgabenstellung abhängt.
Im vorliegenden Fall ist es wichtig, die Kanten der Polygone losgelöst von ihrer Verkettung im Umriß einer Figur verarbeiten zu können, sie mit anderen Polygonkanten zu mischen (sortieren) und nach der Verarbeitung wieder zu einem geschlossenen Polygon zusammensetzen zu können. Für jede Kante wird dazu ihr "unterer" und ihr "oberer" Punkt festgelegt:

> Der Endpunkt mit der kleineren Y-Koordinate (bzw. X-Koordinate bei horizontalen Kanten) wird als unterer, der andere Endpunkt als oberer Punkt definiert.

Da z.B. zum Sortieren der Kanten nicht der Anfangs- oder Endpunkt innerhalb der Polygonverkettung, sondern der geometrisch untere Punkt herangezogen wird, ist dessen explizite Speicherung für mehrfache Zugriffe zweckmäßig. Die Lage bezüglich der Polygoninnenfläche wird durch die zusätzliche Angabe der Durchlaufrichtung jeder Kante als Kantengewicht festgehalten. Die Definition zur Festlegung der Kantenrichtung KR lautet:

KR := +1, falls die Kante vom oberen zum unteren Punkt durchlaufen wird,

KR := -1, andernfalls.

Diese Beschreibungsmethode, die jede Kante durch 2 Koordinatenpaare (unterer und oberer Punkt) sowie die Kantenrichtung charakterisiert, erlaubt eine beliebige Reihenfolge der Elemente in der Kantenliste, ebenso wie das Mischen der Kantenlisten mehrerer Polygone.

5.3.2 Bestimmung des Flächenbelags

Basierend auf den angegebenen Konventionen von Umlaufsinn und Kantenrichtung kann ein einfacher Algorithmus angegeben werden, der ermittelt, wie oft ein Punkt in der Ebene von Flächen überdeckt ist. In Bild 5.4 ist dieser sog. Flächenbelag mit den Werten 0,1,2, und -1 angegeben.
Flächenbelagsermittlung:

F1: Lege eine gerade Abtastlinie durch den zu betrachtenden Punkt. Die Orientierung der Abtastlinie ist an sich willkürlich. Sie wird in Korrespondenz mit der Definition der Kantengewichte als horizontal angenommen. Der Start-Flächenbelag am linken Ende der Abtastlinie wird mit 0 (leere Fläche) vorbesetzt.

F2: Die Abtastlinie wird nach rechts abgearbeitet bis zum nächsten Schnittpunkt mit einer Polygonkante, oder ihrem rechten Ende (--> EXIT).

F3: An dem gefundenen Schnittpunkt mit einer Kante wird der Wert des Kantengewichts (+1,-1) zum aktuellen Flächenbelag addiert. Der Belag wird somit beim Eintritt in eine Fläche um 1 erhöht, beim Austritt um 1 erniedrigt. □

Die Flächenbelegungszahl an jedem Punkt entlang der Abtastlinie gibt an, wie oft diese Stelle von Flächen überlappt wird.
Linien, die parallel zur Abtastlinie (horizontal) verlaufen, weisen eine besondere Eigenschaft auf: Der Flächenbelag ober- und unterhalb ist durch die nicht horizontalen Kanten bereits eindeutig bestimmt. Es zeigt sich, daß die horizontalen Linien, die beim Abtasten ein Problem darstellen würden, da sie keinen eindeutigen Schnittpunkt liefern, bei diesem Vorgang völlig unberücksichtigt bleiben dürfen. Sie sind auch zur Definition der Kontur eines einzelnen Polygons redundant. In einer geschlossenen Folge von Kanten können all jene mit einer bestimmten Orientierung (hier z.B. horizontal) weggelassen bzw. aus der Lage der übrigen Kanten rekonstruiert werden.

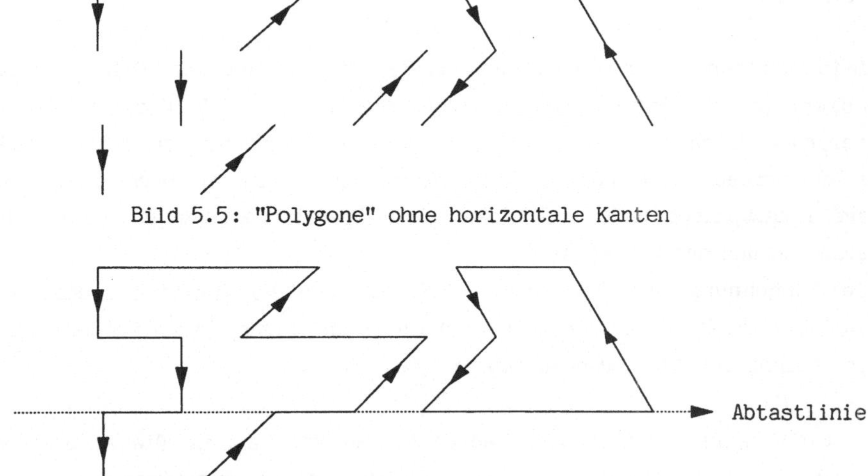

Bild 5.5: "Polygone" ohne horizontale Kanten

Bild 5.6: Rekonstruierte Polygone mit horizontalen Kanten

Die Rekonstruktion der horizontalen Kanten ist ebenfalls mit einem einfachen Abtastvorgang möglich. Für jede Y-Koordinate, bei der Kanten fehlen, werden die folgenden Schritte entlang der Abtastlinie ausgeführt.

S1: Beginne die Suche am linken Ende der Abtastlinie.

S2: Suche den nächsten rechtsliegenden Punkt an dem die Zahl der endenden Kanten ungerade ist. Die Differenz der Anzahl hinein- und herauslaufender Kanten bestimmt die Richtung der zu rekonstruierenden Kante. Sie verläuft von dem gerade betrachteten Punkt nach rechts.

S3: Suche den nächsten rechtsliegenden Punkt, an dem eine Kante mit der entsprechenden Orientierung fehlt. Hier endet die neu erzeugte Kante, die unter Punkt S2 ihren Anfang nahm.

S4: Wenn das rechte Ende der Abtastlinie noch nicht erreicht ist, weiter bei S2, andernfalls sind alle bei der aktuellen Y-Koordinate fehlenden Kanten rekonstruiert. □

Das Ermitteln von horizontalen Kanten, die einen Polygonzug zu einem geschlossenen Umriß ergänzen, ist ebenso für die Berechnung der logischen Operationen im nächsten Abschnitt erforderlich. Auch dort bleiben diese für den Abtastvorgang redundanten Kanten zunächst unberücksichtigt.

5.3.3 Logische Operationen

Ein in der Literatur wohlbekanntes [102,103,105] Verfahren zur "feature extraction" basiert auf den Boole'schen Verknüpfungen UND und ODER, die mit jeweils zwei Operanden durchgeführt werden. Die Vorteile liegen in der Flexibilität, die es gestattet, eine Prüfung bzw. Merkmalsgewinnung an wechselnde Entwurfsregeln anzupassen und darin, daß diese Operationen vom Benutzer leicht zu verstehen und anzuwenden sind.
Die Berechnung der logischen ODER- (bzw. UND-) Funktion zweier Figuren, d.h. der Fläche, die von mindestens einer Figur (bzw. beiden) überdeckt ist, beinhaltet zwei Grundaufgaben:

-- Finde alle Schnittpunkte zweier Mengen von Kanten. Dieses Problem wird in [106-109] behandelt, jedoch ohne den zweiten, wichtigen Teil:

-- Wähle aus der Menge der geschnittenen Kanten jene aus, welche die Ergebnis-Figur begrenzen.

Beide Aufgaben sind mit einem einmaligen Abtasten des Layoutbildes zu lösen. Im folgenden wird ein Abtastalgorithmus vorgestellt, der sich in wesentlichen Punkten von bekannten Lösungen unterscheidet [104,110,111]. Mit nur einer Abtastlinie wird in effizienter Weise die Verknüpfung von Kanten beliebigen Winkels realisiert. Als Ergebnis werden wieder vollständig verkettete Polygone erzeugt. Selbstüberlappende Figuren können ebenso verarbeitet werden wie Bündel von Kanten, die einen oder mehrere Punkte gemeinsam haben.

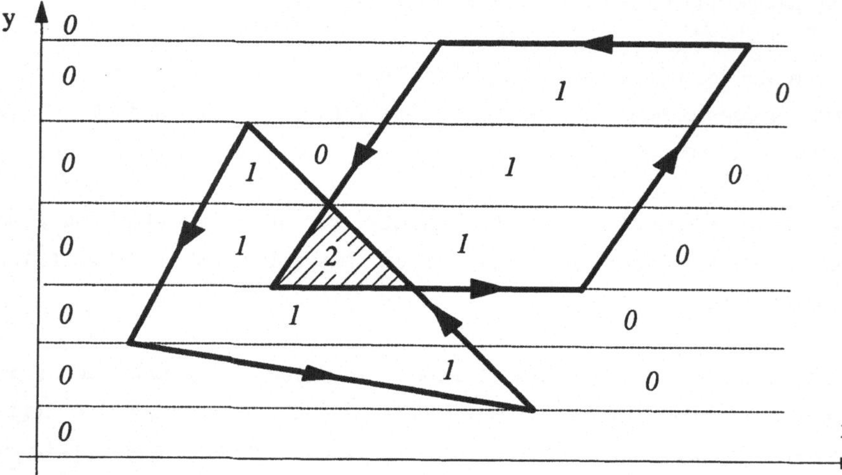

Bild 5.7: Logische UND-Operation angewendet auf 2 Polygone

Die Maskeninformation der beiden behandelten Ebenen wird dazu in getrennten "Originallisten" von Polygonkanten bereitgestellt.
Die Kanten, welche die Abtastlinie bei der aktuellen Y-Koordinate schneiden werden in einer "Aktivliste" gespeichert. Die Abtastlinie wird in Richtung zunehmender Y-Koordinaten bewegt und jeweils mit wachsenden X-Koordinaten abgearbeitet. Beim Schnitt zweier Kanten werden diese aufgetrennt und die oberen Enden in einem Zwischenspeicher abgelegt, der als STACK [15] organisiert ist. Der Kern des Abtastalgorithmus lautet:

A1: Sortiere alle Kanten in den Originallisten bezüglich ihres unteren Punktes nach aufsteigendem Y (bei gleichem Y nach aufsteigendem X).

A2: Setze die aktuelle Y-Abtastkoordinate Y_a auf den kleinsten Y-Wert aller zu verarbeitenden Kanten.

A3: Sortiere alle Kanten, deren unterer Punkt bei Y_a liegt in die Aktivliste ein.

A4: Ermittle in der Aktivliste jene Kanten, die die Ergebnispolygone begrenzen.

A5: Setze die Abtastkoordinate Y_a auf den nächsten Y-Wert.

A6: Entferne aus der Aktivliste alle Kanten, deren oberes Ende bei Y_a liegt. Sofern noch Kanten abzuarbeiten sind: weiter bei A3. □

Die vier Aktionen in der Schleife des Algorithmus (A3-A6) erfordern zusätzliche Erläuterung.

A3: Einsortieren neuer Kanten in die Aktivliste

Zu Beginn sind nur Kanten aus den Originallisten in die Aktivliste einzusortieren. Horizontale Kanten bleiben unberücksichtigt. Nachdem die ersten Schnittpunkte gefunden worden sind, können zusätzlich Kanten aus dem STACK in die Aktivliste gelangen, wenn ihr unteres Ende bei Y_a liegt.
Innerhalb der Aktivliste werden die Kanten nach aufsteigendem X sortiert. Sofern mehrere Kanten bei Y_a die gleiche X-Koordinate besitzen, wird als zusätzliches Ordnungskriterium der Betrag des Winkels mit der negativen X-Achse herangezogen. Mehrere parallele Kanten werden mit alternierender Orientierung eingeordnet. Auf diese Weise eliminieren sich gegenseitige Flächenbeläge bei der Belagauswertung (A4) und es entstehen dort keine Figuren ohne Flächenausdehnung (z.B. bei der UND-Verknüpfung zweier sich berührender Rechtecke).

A4: Auswahl der Ergebniskanten

Ziel einer logischen UND-Operation zweier Flächen ist es, jene Polygone zu erhalten, die Flächen der Belegungszahl 2 begrenzen. Für die ODER-Operation hat dieser "kritische" Flächenbelag den Wert 1. Die zugehörigen Kanten sind genau jene, die einen Wechsel des Flächenbelags zu oder von dem kritischen Wert verursachen. Die Ermittlung dieser Kanten erfolgt mit dem beschriebenen Algorithmus zur Bestimmung des Flächenbelags.
Die Ergebniskanten werden jedoch nicht nur beliebig erzeugt (wie bei [110,111]) sondern zu geschlossenen Polygonen (einschließlich rekonstruierter horizontaler Stücke) verkettet. Sofern ein Punkt mehr als 2 Kanten aufweist, wird der Polygonzug entsprechend der Forderung fortgesetzt, daß der Winkel zwischen hinein- und herauslaufender Kante, im Urzeigersinn gemessen, minimal wird.

A5: Weiterschalten der Y-Abtastkoordinate

Die Effizienz des vorgestellten Algorithmus liegt unter anderem darin begründet, daß die vorliegenden Kanten nicht unnötig oft abgetastet werden sondern genau an den Y-Koordinaten, wo sich eine Änderung ergeben kann. Das Weiterschalten von Y_a stellt daher einen wichtigen Kernpunkt dar.
Ähnlich wie bei [104] ergibt sich die jeweils nächste Y-Koordinate als Minimum von drei Werten:

-- dem kleinsten oberen Kantenende in der Aktivliste,

-- dem kleinsten unteren Punkt einer Kante der Originallisten oder des STACK,

-- dem nächsten Schnittpunkt (im Sinne wachsender Y-Koordinaten) von Kanten in der Aktivliste.

Wie leicht zu zeigen ist, wird der nächstliegende Schnittpunkt in jedem Fall von zwei Kanten verursacht, die auf der aktuellen Abtastlinie unmittelbare Nachbarn sind. Zum Auffinden der Schnittpunkte wird daher (im Gegensatz zu [104]) die Aktivliste entlang dieser Linie nur einmal abgearbeitet um festzustellen, welche benachbarten Kanten bei der nächsten Y-Koordinate in der Reihenfolge vertauscht auftreten. Für diese wird der genaue Schnittpunkt berechnet und die Kanten werden aufgetrennt. Die oberen Kantenenden werden im STACK zwischengespeichert und die zuvor vorläufig ermittelte nächste Y-Koordinate auf den Wert des Schnittpunktes zurückgesetzt.
Eine zusätzliche Kantenteilung muß an den Stellen erfolgen, wo sich der Flächenbelag längs einer Originalkante ändert, da evtl. nur ein Teil als Ergebniskante verkettet wird.

A6: Entfernen von Kanten aus der Aktivliste

Beim Löschen der abgearbeiteten Kanten aus der Aktivliste werden jene, die als Ergebniskanten markiert und verkettet sind in einer Liste abgelegt. Diese Ergebnisliste enthält am Ende alle gesuchten Polygone.

In der beschriebenen Form realisiert der Algorithmus, UND- bzw. ODER-Funktionen. Für UND-NICHT bzw. ODER-NICHT Funktionen muß lediglich der Schritt A3 modifiziert werden: Jede Original-Kante der zu invertierenden Ebene wird durch Multiplikation mit -1 in ihrer Richtung umgekehrt.
Operationen auf einzelne Ebenen (Invertierung oder Verschmelzen mehrfach bedeckter Gebiete) können mit der "leeren Fläche" als zweitem Operanden in gleicher Weise ausgeführt werden.
Damit stehen alle Boole'schen Funktionen für die Polygonverarbeitung zur Verfügung.

5.3.4 Geometrische Operationen

Zur Extraktion bzw. Prüfung werden die geometrischen Operationen "Vergrößern" und "Verkleinern" von Polygonen eingesetzt. Die Grundidee ist vielen Prüfprogrammen gemeinsam: alle Kanten werden um eine spezifizierte Distanz **d** parallel verschoben [112,113]. Die Implementierung kann auf unterschiedliche Weise erfolgen. Bei achsenparallelen Strukturen können z.B. die Eckpunkte entlang der Winkelhalbierenden um $d\sqrt{2}$ verschoben werden. Der Fehler, der in Bezug auf eine echte euklidische Abstandsvergrößerung gemacht wird, kann in vielen Anwendungen vernachlässigt werden. Sind für die Polygonkanten jedoch beliebige Winkel zugelassen - wie es für Hybridschaltungen erforderlich ist - so wird eine reine Parallelverschiebung nicht nur unerwünschte geometrische sondern auch schwerwiegende numerische Fehler verursachen (beachte den spitzen Winkel in Bild 5.9).
Um dies zu vermeiden wird an den Eckpunkten die Einführung zusätzlicher Polygonkanten vorgeschlagen, die einen Kreisbogen als Tangenten annähern. Der an einer Ecke auftretende relative Fehler (Abweichung vom idealen Kreis, bezogen auf **d**) berechnet sich in Abhängigkeit von der Zahl der eingefügten Kanten **k** und dem Innenwinkel **α** der beteiligten Originalkanten zu

$$f = \frac{1}{\cos \dfrac{\pi - |\alpha|}{2(k+1)}} - 1.$$

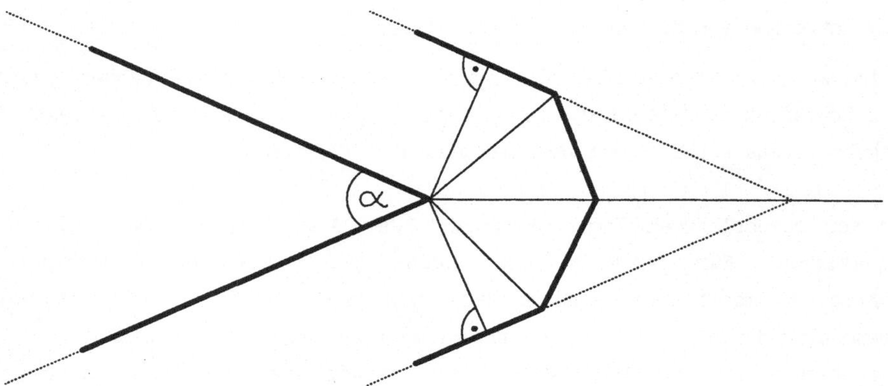

Bild 5.8: Vergrößerung mit Einfügen von 2 zusätzlichen Kanten

Um maximal einen Fehler von f ≤ 3% zu erhalten, sind (je nach Winkel) zwischen 0 und 6 zusätzliche Kanten erforderlich. Für f ≤ 5% werden bis zu 4 Kanten eingefügt.
Bild 5.9 zeigt, welche Ergebnisse eine Vergrößerung und Verkleinerung ohne bzw. mit "Eckenrundung" liefert.

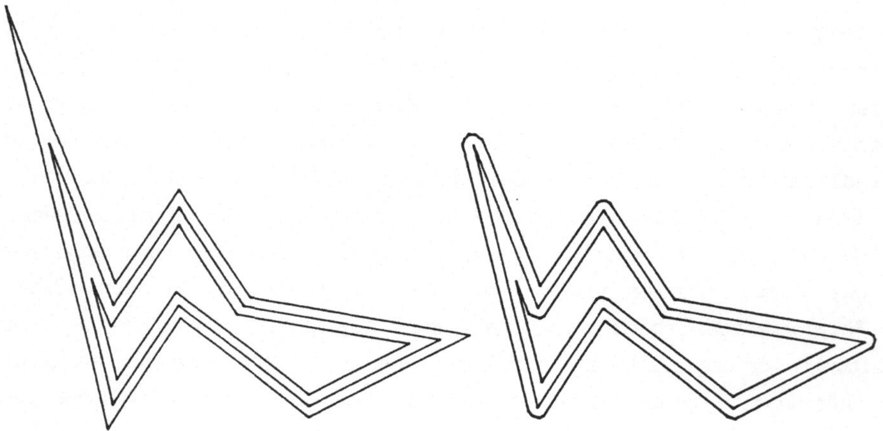

Bild 5.9: Auswirkungen der Eckenrundung

5.4 Verfahren zur Prüfung der Merkmale

Die bisher besprochenen Operationen sind vorgesehen zur Gewinnung geeigneter Merkmale. Diese Merkmale - durch Polygone begrenzte Flächen - müssen jedoch noch getestet werden, um durch diese Prüfung Entwurfsregelverletzungen im Layout zu erkennnen und zu lokalisieren. In seltenen Fällen ist die Existenz (oder dasFehlen) von Merkmalen an sich bereits das Kriterium für das Vorhandensein von Fehlern, in der Regel aber bezeichnen Merkmale nur den Ort, an dem Fehler auftreten könnten. In diesem Fall liefern ihre Abmessungen (Mindestbreite) oder ihr gegenseitiger Abstand (Mindestabstand) die Aussage, ob und wo Fehler auftreten. Wie sich eine solche Prüfung auf Mindestabstände und Mindestbreiten mit den vorgestellten Operationen bewerkstelligen läßt, soll nun gezeigt werden.

5.4.1 Mindestabstand

Zur Prüfung einer Abstandsforderung mit dem Wert **d** werden alle Polygone der untersuchten Ebene um d/2 vergrößert. Figuren, die den Mindestabstand zueinander einhalten, werden sich nach dieser Operation allenfalls berühren, jedoch nicht überlappen. Die Gebiete der Überlappung geben mit hinreichender Genauigkeit den Ort an, wo der Mindestabstand unterschritten wird. Die Größe der Überlappungsfläche kann als Maßstab dafür angesehen werden, wie gravierend die Regelverletzung ist.
Zur Lokalisierung der mehrfach bedeckten Fläche wird eine UND-Verknüpfung mit der "leeren" Ebene vorgenommen. Bild 5.10 a) zeigt ein kleines, mit Fehlern behaftetes Layout. In Bild 5.10 b) ist die Verdrahtungsmaske dargestellt sowie die um die Mindestbreite/2 vergrößerten Polygone. Die dunklen Flächen zeigen die Orte der Abstandsverletzungen.

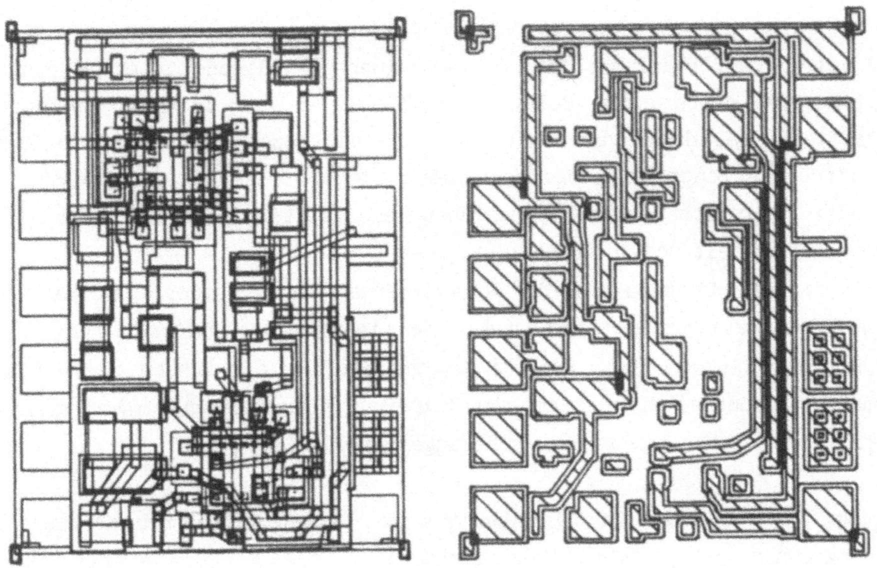

a) manuell erstelltes Layout b) Fehler in der 1. Verdrahtungsebene

Bild 5.10: Erkennung von Mindestabstandsverletzungen

5.4.2 Mindestbreite

In ähnlicher Weise wie beim Mindestabstand ist auch die Prüfung einer Mindestbreite **b** auf eine geometrische Operation, nämlich das Verkleinern um b/2 zurückzuführen.
Um z.B. die Mindestgröße der Kontaktflächen zwischen Widerständen und Leiterbahnen zu prüfen, werden diese Flächen durch die UND-Operation der beteiligten Masken extrahiert und anschließend um $b_{min}/2$ verkleinert. Eine Verletzung der Entwurfsforderung ist dadurch gekennzeichnet, daß dabei irreguläre Polygone mit dem Flächenbelag -1 entstehen (schraffierte Fläche in Bild 5.11 a)).

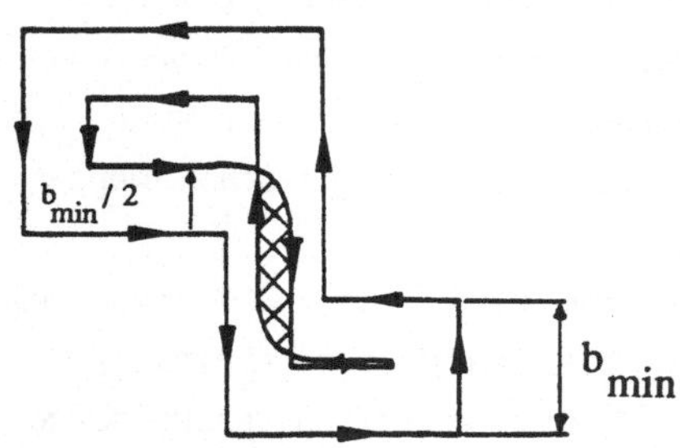

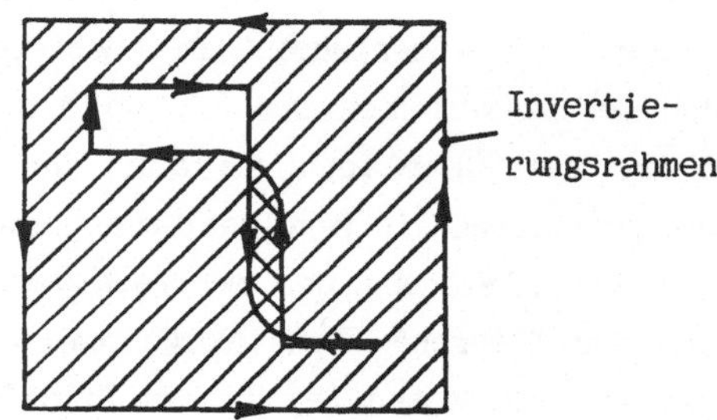

Bild 5.11: a) Verkleinerung um $b_{min}/2$ b) Invertierung des irregulären Polygons

Nach einer Invertierung dieser verkleinerten Polygone zeichnen sich die Fehlerstellen durch einen Belag von +2 aus - in Bild 5.11 b) doppelt schraffiert. Bei der Invertierung wird aus dem "Loch" eine gefüllte Fläche, die innerhalb eines Invertierungsrahmens liegt. Dieser Bereich wird durch die UND- Operation mit der leeren Ebene als zweitem Operanden zur regulären Fläche umgewandelt und so detektiert.
Als Besonderheit kann bei der Verkleinerung sehr kleiner Strukturen eine allseitige Kantenumkehr auftreten, die wieder ein reguläres, fehlerfreies Polygon erscheinen läßt. Um auch solche Stellen als Fehler zu markieren, werden alle Kanten, die bei der Verkleinerung eine Richtungsumkehr erfahren, zusätzliche zur Fehlerbezeichnung herangezogen.

In ähnlicher Weise wie hier beschrieben lassen sich durch Kombinationen der logischen und geometrischen Operationen die Merkmalsextraktion und Überprüfung für alle in der Hybridtechnik wichtigen geometrischen Entwurfsregeln vornehmen.

5.5 Komplexitätsbetrachtungen

Im Gegensatz zu VLSI-Layouts enthalten Hybridschaltungsentwürfe maximal einige tausend Kanten [114]. Aus diesem Grund sind Angaben zum Rechenaufwand nur für den Einsatz der Entwurfsregelprüfung on-line während der interaktiven Eingabe von Bedeutung. Um dennoch einen Vergleich mit anderen Verfahren zu ermöglichen, wird eine kurze Abschätzung angegeben.
Neben dem Aufwand für die Sortiervorgänge, der hier nicht weiter diskutiert werden soll, muß als wesentlicher Aufwandsfaktor für die **logischen** Operationen das Abarbeiten der Abtastlinie untersucht werden. Im weiteren wird mit **n** die Zahl der bereits geschnittenen Kantenstücke (wie in [110]) bezeichnet. Obwohl bei k Originalkanten theoretisch k^2 Schnittpunkte konstruiert werden können, gilt für Layoutbilder n ~ k. Unter der realistischen Annahme, daß die Strukturen im Layout gleichmäßig verteilt sind [115,116], werden im Mittel $\sqrt{n}$ Kanten die Abtastlinie schneiden.
Bei kleinen Bildern können n unterschiedliche Y-Koordinaten auftreten, an denen die Schnittpunktsermittlung und Belagauswertung entlang der Abtastlinie erfolgen muß. Daher ergeben sich $n\sqrt{n}$ Schritte bzw. eine Komplexität von O $(n^{1,5})$.
Bei großen Layouts nähert sich die Zahl disjunkter Y-Koordinaten dem Wert $\sqrt{n}$ [110]. Daher ist eine Komplexität von O (n^k) zu erwarten mit k --> 1. Experimentelle Untersuchungen an Layoutbildern mit 500 bis 10000 Kanten erbrachten k=1,05. Bei einer Implementierung auf einem 16-Bit Rechner konnten ca. 370 Kanten/sec. abgetastet werden.
Sofern nur die Daten der Aktivliste im Arbeitsspeicher gehalten werden, wächst der Speicherbedarf mit O $(\sqrt{n})$.
Die für die **geometrischen** Operationen erforderlichen Rechenschritte wachsen linear mit der Originalkantenzahl. Dabei muß stets nur ein Polygon im Arbeitsspeicher verfügbar sein.

5.6 Erzeugen neuer Maskenebenen

Die beschriebenen Algorithmen zur Durchführung logischer und geometrischer Operationen auf die Polygone der verschiedenen Maskenebenen stellen auch wertvolle Hilfsmittel bei der Layouterzeugung dar.
In einzelnen Fällen lassen sich die Strukturen in einer Layoutmaske aus den Elementen in anderen Maskenebenen ableiten. So kann über Vergrößern und Invertieren der Leiterbahnmaske die Information für einen Komplementärdruck

gewonnen werden. In ähnlicher Weise erlaubt ein fehlerfreies Layout die Generation der erforderlichen Glasmaske für jene Stellen an denen sich Leiterbahnen isoliert überkreuzen sollen, durch einfaches Vergrößern und UND-Verknüpfen der Überlappungsbereiche.
Anhand dieser Beispiele wird deutlich, daß sich mit den beschriebenen Werkzeugen eine Fülle neuer, zusätzlicher Anwendungen eröffnet. Abschließend ist in Bild 5.12 gezeigt, daß auch die Anpassung eines Layouts an modifizierte Entwurfsforderungen (Resizing) möglich ist.

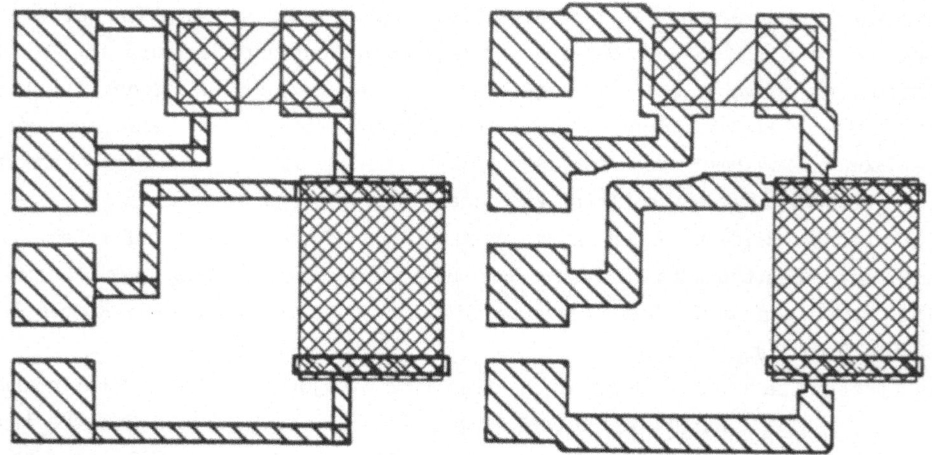

Bild 5.12: Automatische Verbreiterung der Leiterbahnen

Alle Leiterbahnen (Strukturen in der Leiterebene unterhalb einer bestimmten Größe) wurden hier genau an den Stellen verbreitert, wo dies ohne Verletzung der Mindestabstände zulässig war.
Mit Hilfe einer solchen Automatik ist eine Umsetzung schneller und vor allem sicherer als von Hand vorzunehmen.

6 Kompaktierung

Bei der Entwurfsregelprüfung werden Fehler in der Anordnung der Elemente zwar automatisch erkannt und ihr genauer Ort angegeben (z.B. Verletzungen von Mindestabstandsforderungen), es bleibt jedoch Aufgabe des Designers, korrigierend einzugreifen. Dies kann - besonders bei dichten Layouts - umfangreiche und wiederum fehlerträchtige Nacharbeiten erforderlich machen. Das hier angesprochene Problem ist durch eine automatische Layoutkompaktierung zu lösen.
Kompaktierungsverfahren sind vom Entwurf integrierter Schaltungen bekannt. Ein guter Überblick über die dort verwendeten Ansätze ist bei Cho [116] zu finden.
Im folgenden wird erstmals eine Kompaktierung von Hybridschaltungs-Layout gezeigt und ein Abtastverfahren vorgestellt, das in der Lage ist, allgemeine Polygone mit Kanten beliebigen Winkels zu verarbeiten.

6.1 Verdichtung orthogonaler Strukturen

Zur Lösung der Kompaktierungsaufgabe hat sich allgemein folgende Vorgehensweise bewährt: Das Layout wird in einen gerichteten und gewichteten Graphen transformiert (siehe Bild 6.1). Dabei werden die Elemente in Knoten und ihre Abstandsbeziehungen in die gewichteten Kanten abgebildet.
Bei einer eindimensionalen Verdichtung beschreibt der Abstandsgraph ein System von Ungleichungen, das mit einem Längsten-Pfad-Algorithmus eindeutig zu lösen ist und - zurücktransformiert - die neuen Koordinaten der Elemente ergibt. In diesem Fall ist das Verfahren alternierend in zueinander senkrechten Richtungen anzuwenden. Nach zwei Kompaktierungsschritten liegt bereits ein bezüglich der geometrischen Abstandsforderungen korrektes Layout vor. Ein Stillstand des Kompaktierungsprozesses wird sich nach einigen Schritten einstellen, wobei das Ergebnis von der Richtung der ersten Verdichtung (horizontal oder vertikal) abhängt.

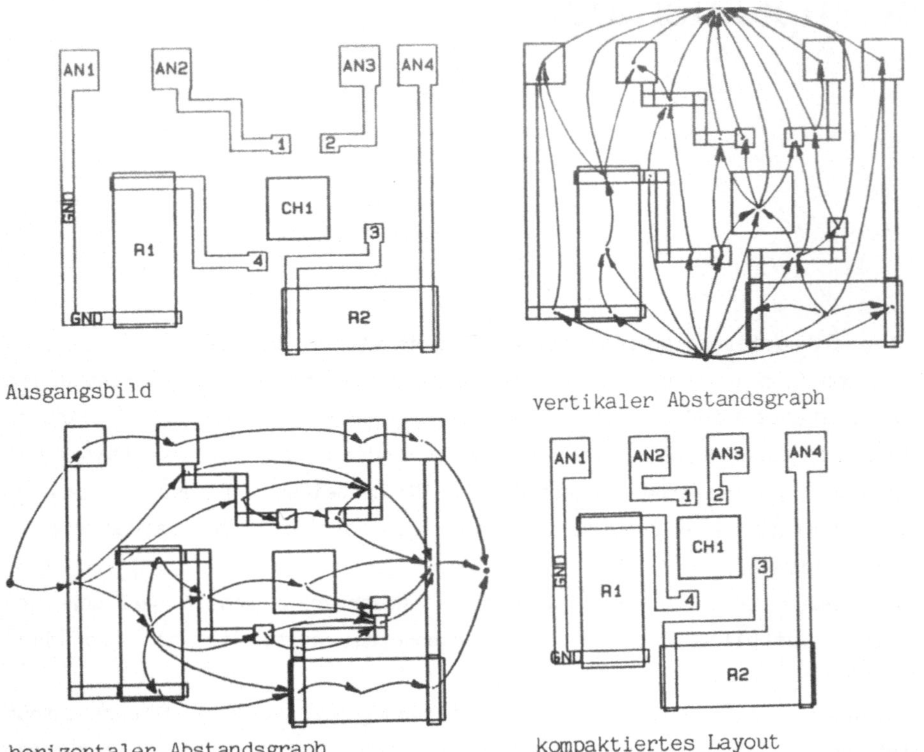

Bild 6.1: Kompaktierung eines Layouts mit orthogonalen Kanten

Um verbesserte Anordnungen zu erreichen, wurden auch Ansätze zu einer zweidimensionalen Kompaktierung untersucht [118]. Da sich das Problem dann als NP-vollständig erweist, müssen heuristische Methoden zur Annäherung an die optimale Plazierung eingesetzt werden. In jedem Fall werden bei der automatischen Verdichtung zwei Ziele erreicht:

-- Die Elemente sind so plaziert, daß keine Entwurfsregeln verletzt werden. Sie können bis auf die Mindestabstandsforderungen zusammengeschoben werden, ursprünglich zu dicht liegende Teile werden auseinandergerückt.

-- Bei einem manuell lose vorgegebenen Layout wird in der Regel eine Reduzierung der benötigten Fläche erzielt.

Bei der Anwendung zur Verdichtung von Hybridschaltungen wird eine eindimensionale Vorgehensweise zugrundegelegt. Zur Lösung des Abstandsgraphen wird ein einfacher Längster-Pfad-Algorithmus verwendet. Bei Schiele [117] sind umfangreiche Untersuchungen zur Wahl dieses Algorithmus zu finden. Für die hier gegebene Aufgabenstellung kommt jedoch der **Aufstellung des Abstandsgraphen** größere Bedeutung zu. Wie auch in [117] angegeben, ist der größte Anteil der Rechenzeit bei einem Kompaktierungsschritt für die Nachbarschaftsanalyse aufzuwenden. Es muß dazu ein Algorithmus gefunden werden, der die besonderen Entwurfsanforderungen der Hybridtechnik in einer geeigneten Modellierung berücksichtigt. In Bild 6.1 ist gezeigt, wie für ein einfaches Hybridlayout der horizontale bzw. vertikale Abstandsgraph aufgestellt wird und eine fehlerfreie, verdichtete Anordnung erreicht wird.

Für die Modellierung kann nicht auf die für den IC-Entwurf bekannten Vorgehensweisen (STICK-Diagramm [62] oder Linienmodellierung [117]) zurückgegriffen werden. Da ein Hybridelement (z.B. ein Widerstand) in seinen Abmessungen nicht verändert werden darf, wird es, bzw. alle seine beschreibenden Kanten in **einen** Knoten des Graphen abgebildet. Alle Abstandsforderungen zu einzelnen Kanten sind damit - unter Berücksichtigung des "Aufhängepunktes" - auf diesen Knoten zu beziehen. Das Ermitteln der Nachbarschaftsbeziehungen erfolgt mit einem Abtastalgorithmus wie er im nächsten Abschnitt beschrieben ist. Es sind dabei folgende Besonderheiten zu berücksichtigen:

-- In Kompaktierungsrichtung liegende Kanten sind nicht als Knoten im Abstandsgraphen zu berücksichtigen. Ihre Lage ist durch die Koordinaten der Nachbarelemente an den Endpunkten definiert.

-- Leiterbahnen, die an ein größeres Bauteil angeschlossen sind können (wenn keine weiteren Forderungen vorliegen) entlang der Anschlußkante frei verschoben werden (Bild 6.2). Dies ist z.B. für Anschlußflecken, Bondpads und Widerstände wichtig.

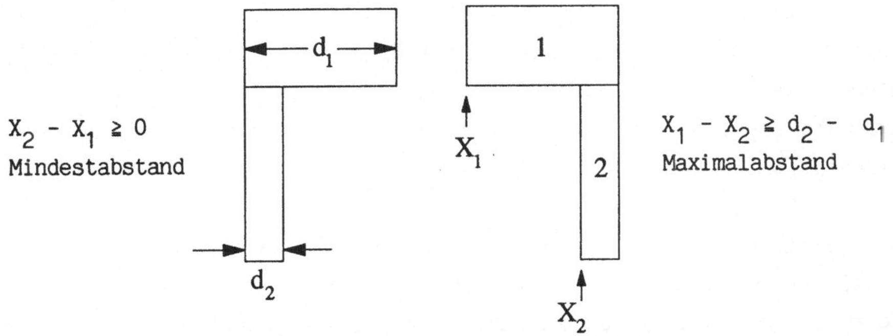

Bild 6.2: Ungleichungen zur Beschreibung des Verschiebungsspielraums beim Anschluß einer Leiterbahn

6.2 Verdichtung allgemeiner Polygone

Da in einem manuell vorgegebenen Hybridlayout Kanten beliebigen Winkels enthalten sein können, wird ein neuer Algorithmus vorgestellt, der auch solche allgemeinen Strukturen verarbeiten kann.

Zur Aufstellung des Abstandsgraphen werden die Bildelemente als Polygone gerichteter Kanten beliebigen Winkels (wie bei der Entwurfsregelprüfung) dargestellt. Die Nachbarschaftsbeziehungen werden durch einmaliges Abarbeiten des Bildes mit einer Abtastlinie ermittelt und die sich ergebenden Ungleichungen als gewichtete Kanten in den Abstandsgraphen eingetragen. Als Abtastpunkte sind alle disjunkten Koordinaten K_a in Kompaktierungsrichtung zu verwenden.

Beim Abtasten an einer Koordinate K_a werden alle Polygonkanten, deren Anfangspunkt bei K_a liegt auf die Abtastlinie projiziert. Die Ausdehnung der Elemente (in Verdichtungsrichtung) bleibt unberücksichtigt, wesentlich ist nur, daß die topologischen Nachbarschaftsbeziehungen bei dieser Projektion genau erhalten bleiben. Das besondere Problem bei der Verarbeitung schräger Kanten liegt darin, daß erst, wenn Anfangs- und Endpunkt einer Kante abgetastet wurden, alle Elemente erfaßt sind, die zu dieser Kante eine Abstandsbeziehung fordern können. Daher ist es beim Eintrag der Projektion einer neu erfaßten Kante ggf. erforderlich, diesen vor einer bereits festgehaltenen Projektion zu positionieren. Auf der Abtastlinie sammeln sich so in mehreren Lagen die Projektionen von Kanten. Erst wenn der Endpunkt einer Kante erreicht ist, werden Abstandsbeziehungen zwischen den bereits eingetragenen Elementen und dem Aufhängepunkt dieser Kante aufgestellt. Nur so können Kanten, die in Kompaktierungsrichtung einen gemeinsamen Bereich bedecken, korrekt verarbeitet werden. Die auf der Abtastlinie bereits abgedeckten Projektionen werden jeweils gelöscht. Um möglichst wenige Ungleichungen zu erhalten, werden (z.B. bei Verdichtung in X) nur Abstände zwischen den rechten Kanten eines Polygons (mit $KR < 0$) zu den linken Kanten seiner Nachbarn (mit $KR > 0$) eingetragen. Da die Elemente selbst kompaktierungsinvariant sind, werden innerhalb eines Polygons keine Abstandsbeziehungen aufgestellt.

Der Ablauf des Algorithmus (z.B. für Kompaktierung in X) ist auf der nächsten Seite skizziert. Zur Verarbeitung orthogonaler Strukturen vereinfacht sich der angegebene Algorithmus wesentlich. Da nur die Kanten senkrecht zur Verdichtungsrichtung abgetastet werden, sind die Projektionen (in den Schritten K3 und K4) einfacher zu berechnen. Der aufgestellte Abstandsgraph kann in bekannter Weise mit einem Längsten-Pfad-Algorithmus gelöst werden.

Der Algorithmus zur Kompaktierung (z.B. in horizontaler Richtung X) kann wie folgt formuliert werden:

K1: Ordne alle Kanten nach den Koordinaten ihrer unteren Punkte (in Kompaktierungsrichtung X). Die Abtastlinie enthält keine Projektionen. Die aktuelle Abtastkoordinate $X_a := -\infty$.

K2: Setze X_a gleich der nächsten Koordinate in Kompaktierungsrichtung.

K3: Für alle Kanten, deren linker Punkt bei X_a liegt, wird die Projektion an der richtigen Stelle zwischen die bereits vorliegenden Projektionen eingetragen.

K4: Untersuche entlang der Abtastlinie, ob Abstandsbeziehungen zu vollständig abgetasteten Kanten auftreten. Diese werden im Abstandsgraphen eingetragen. Vollständig abgedeckte Projektionen werden gelöscht.

K5: Sofern noch Koordinaten jenseits X_a liegen, weiter bei K2; andernfalls ist der Abstandsgraph vollständig ermittelt.

In den folgenden Bildern wird die Kompaktierung eines kleinen Layoutbildes mit schrägen Kanten gezeigt.

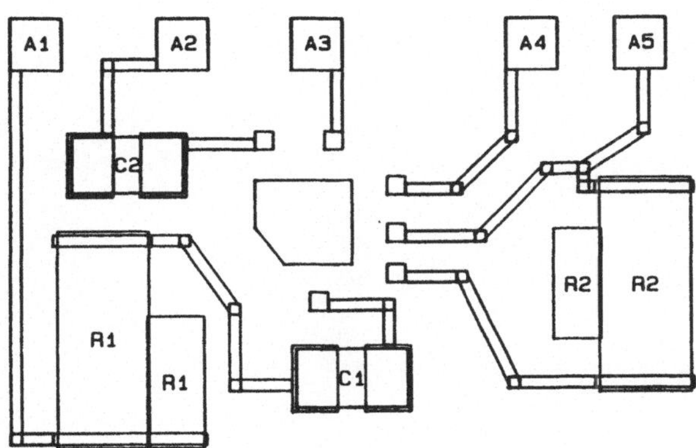

Bild 6.3: Layout mit schrägen Kanten

Die im Layout enthaltenen Schicht- und Hybridelemente bleiben in ihrer Form und Größe, ebenso wie die schräg liegenden Verbindungen, unverändert. Die orthogonal verlaufenden Verbindungen können in der Länge variiert werden.

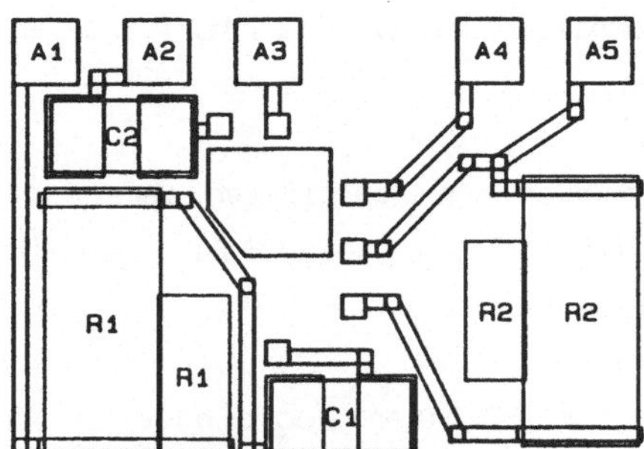

Bild 6.4: Ergebnis nach einer Kompaktierung in X- und Y-Richtung

6.3 Komplexitätsabschätzung

Die neue Vorgehensweise in dem vorgestellten Algorithmus zur Lösung der Kompaktierungsaufgabe für allgemeine Polygone schlägt sich nicht in einer Verschlechterung des Rechenzeitverhaltens nieder. Da bei **n** Kanten maximal n disjunkte Koordinaten auftreten können und die Abtastung dabei im Mittel $O(\sqrt{n})$ Einträge verwalten muß, resultiert ein theoretisches Laufzeitverhalten der Komplexität $O(n\sqrt{n})$ - wie es auch für rein "orthogonale" Verfahren gilt [117].

7 Maskenerzeugung

Wie in Kapitel 3 beschrieben, ist es beim interaktiven Layoutentwurf zweckmäßig, einfache Grundelemente (z.B. Rechtecke und schräge Leiterbahnen) zu verwenden. Dies hat Vorteile für die Datenhaltung und auch für manuelle Eingriffe beim Erzeugen und Modifizieren des Layouts. Auch kompliziertere Formen (Winkelwiderstände mit besonderem Abgleichverhalten oder verzweigte Leiterstrukturen) lassen sich beliebig durch Aneinanderfügen und Überlappen dieser Grundelemente generieren.
Lediglich bei der graphischen Ausgabe eines so entworfenen Layouts ergeben sich zwangsläufig an den Berührungsstellen dieser Basiselemente überflüssige Kanten, die im "Innern" der Strukturen liegen und in manchen Fällen die Übersichtlichkeit der Darstellung stören. Um z.B. den Verlauf eines Leiterbahnzuges zu verfolgen, ist nur die Darstellung der umschließenden Konturen der gesamten Leiterfläche erwünscht.
Auch für weitere Schritte der Layoutverarbeitung ist die Ermittlung der Konturen sich überlappender Elemente erwünscht oder erforderlich:

-- Die Ausgabe mit einem Zeichengerät kann durch Weglassen überflüssiger Kanten beschleunigt werden.

-- Für die Entwurfsregelprüfung müssen zusammenhängende Gebiete verschmolzen werden.

-- Beim Schneiden der Maskeninformation in Rotfolie könnten zusätzliche Schnitte innerhalb einer zu belichtenden Fläche zu Reflexionen führen und damit Fehler in der Maske und dem Drucksieb verursachen. Als zusätzliche Erleichterung ist das Identifizieren und Ausheben einer nur als Kontur geschnittenen Figur wesentlich einfacher und sicherer.

-- Zur Ansteuerung eines Photoplotters müssen gegenseitig überlappende Bereiche eliminiert werden, um Überstrahlungen und damit Maskenungenauigkeiten zu vermeiden.

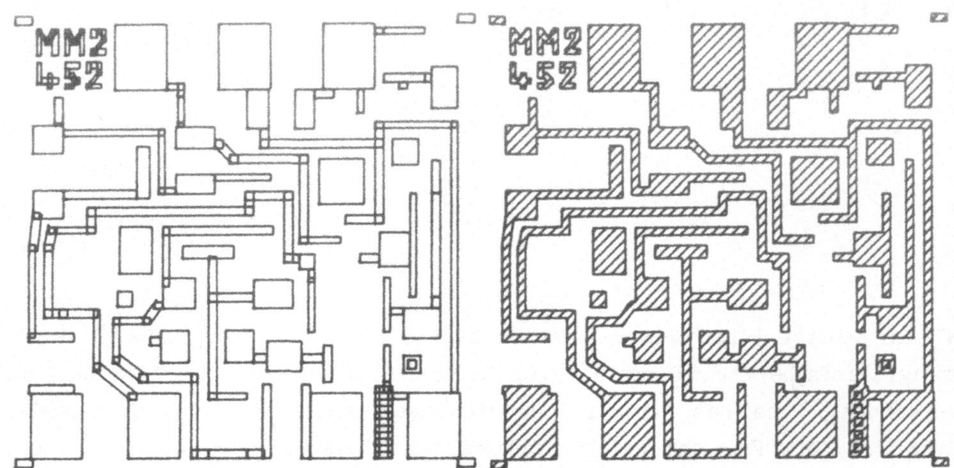

Bild 7.1 Elemente einer Verdrahtungsmaske und zugehörige Konturen

Zur Ermittlung der Konturen sich überlappender Elemente sind verschiedene Vorgehensweisen möglich. Die naheliegende Methode, jedes Element mit allen anderen im Bild auf Berührung oder Überlappung zu prüfen und die innenliegenden Kanten zu eliminieren, ist für kleine Layoutbilder noch zu rechtfertigen.

Ein eleganterer Weg zur Ermittlung der Schnittpunkte beliebiger Kanten und der gleichzeitigen Bestimmung, welche Teile den Umriß der Gesamtfigur ausmachen, läßt sich mit Hilfe des für die Entwurfsregelprüfung entwickelten Abtastverfahrens finden. Die ODER-Funktion, angewendet auf die Polygone einer Maskenebene, mit der leeren Ebene als zweitem Operanden läßt alle Original-Polygone verschmelzen. In Bild 7.1 ist die Verdrahtungsmaske eines Layouts vor und nach dem Verschmelzen dargestellt.

Die beiden Arbeitsschritte: Ausheben und photographisches Verkleinern der Rotfolien können entfallen, wenn die Konturen direkt (im Maßtab 1:1) ausgegeben werden. Dies kann mit einem guten Zeichenplotter geschehen (Bild 7.2). Die Konturen werden dazu um Stiftbreite s/2 verkleinert und mit einem feinen Linienmuster UND- verknüpft. Sowohl der Umriß als auch das innenliegende Muster (als flächenfüllende Schraffur) werden ausgegeben.

Die für die Entwurfsregelprüfung entwickelten Verfahren ermöglichen so auch den Prozeß der Maskenerstellung wesentlich zu vereinfachen und zu beschleunigen.

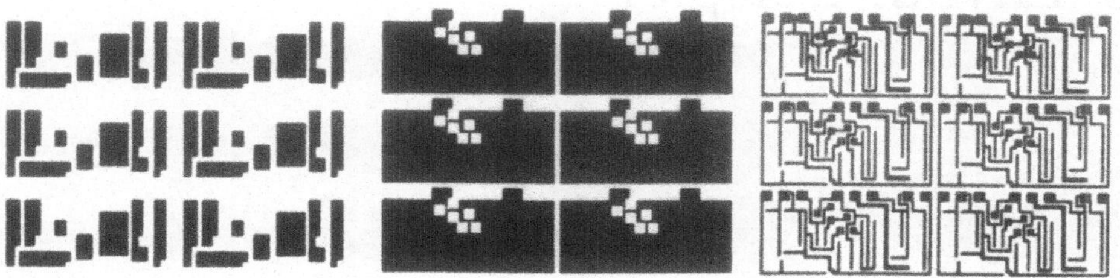

Bild 7.2: Mit dem Plotter im Originalmaßstab gezeichnete Layoutmasken

8 Layout-Beispiel

In den folgenden Bildern werden einzelne Schritte des Layoutentwurfs einer Dickschichtschaltung (entsprechend den Entwurfsschritten nach Bild 1.1) dokumentiert.
Ausgehend von der Schaltplanskizze der Sensorschaltung werden die Widerstände mit Rechnerunterstützung dimensioniert und zusammen mit den in einer Bauteilebibliothek enthaltenen Standardelementen (Transisoren, IC) interaktiv angeordnet.

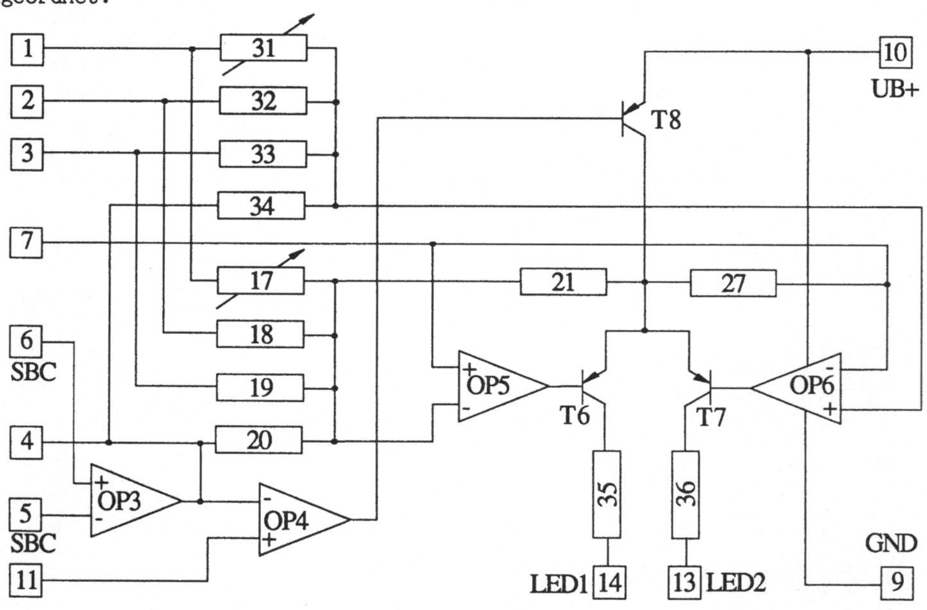

Bild 8.1: Skizze des vorgegebenen Schaltplans

Der in Bild 8.1 gezeigte Schaltplan stellt nur einen Teil der insgesamt sehr umfangreichen Schaltung dar. Um Platz zu sparen und auch in der Fertigung eine gute Ausbeute zu erreichen, wurde die Schaltung in zwei etwa gleichwertige Teile partitioniert, die auf zwei Substraten untergebracht und später "Rücken an Rücken" geklebt werden. Die Kontaktierung erfolgt über den Kamm.

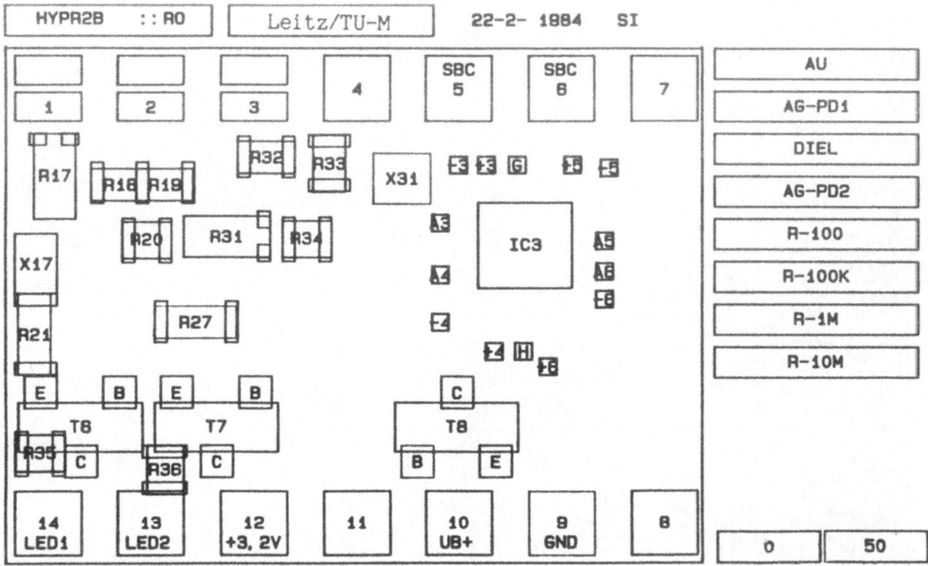

Bild 8.2: Interaktive Anordnung der Widerstände und Bibliothekselemente

Zur Herstellung der sehr genauen Widerstände ist eine Crossover-Technik erforderlich, mit den Widerständen direkt auf dem Substrat. Dadurch verbleibt wenig Platz für die Verdrahtung, die interaktiv mit schrägen Kanten realisiert wurde (Teillösung in Bild 8.3, Gesamtschaltung in Bild 8.4). Da die Widerstände erst nach der Verdrahtung (incl. Dielektrikum) gedruckt werden, damit nur sie nur einen Einbrennvorgang durchlaufen, ist eine Korrektur wie sie in Kap. 2.1.5 beschrieben wurde, erforderlich.

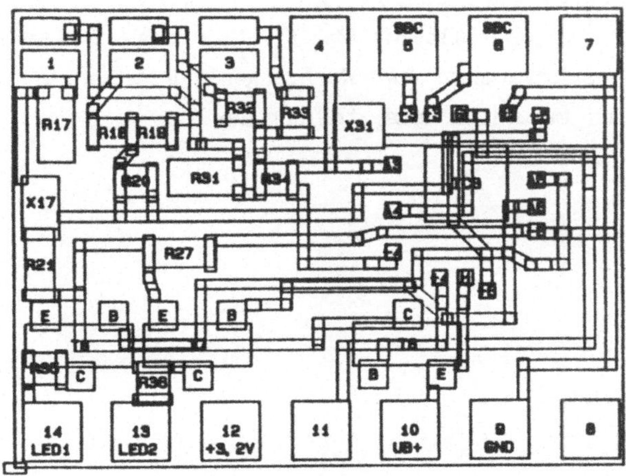

Bild 8.3: Interaktive Verdrahtung in 2 Ebenen

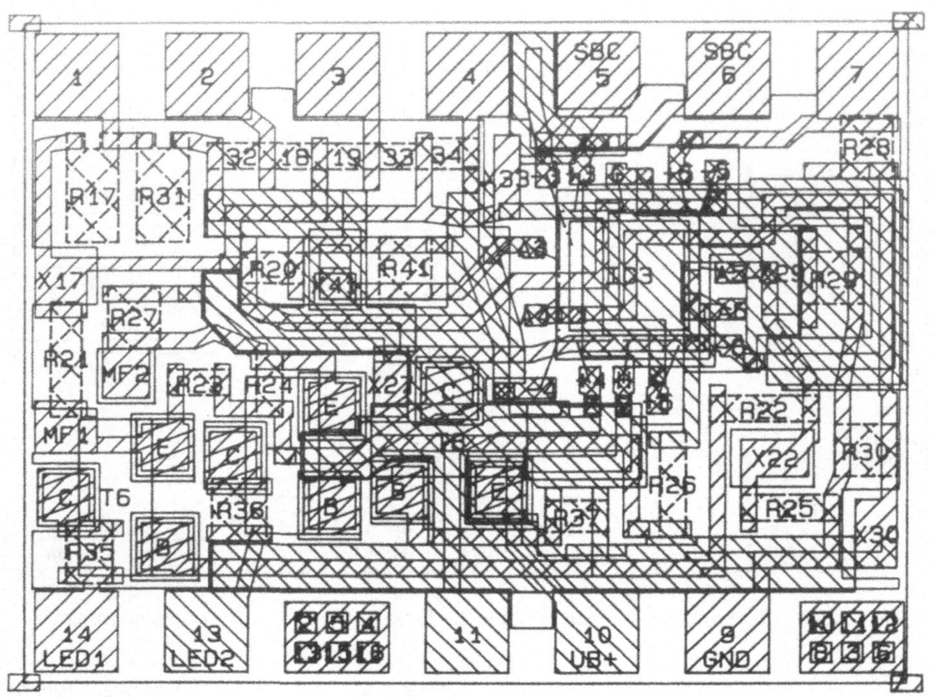

Bild 8.4: Kontrollplot (10:1) des fertigen Layoutbildes mit 15 Ebenen

Nachdem die Entwurfsregel-Überprüfung keine Fehler mehr ergibt, werden die Masken mit einem Schneidestift im Maßstab 10:1 am einem Zeichenplotter geschnitten, danach ausgehoben und photographisch verkleinert. Damit ist der Entwurfsvorgang vom Schaltplan bis hin zur Sieberzeugung wie in Bild 1.1 (Kap. 1), abgeschlossen. Sollten spätere Änderungswünsche ein Redesign erforderlich machen, so stellt die Modifikation des existierenden Entwurfes mit den hier beschriebenen CAD-Werkzeugen nur einen kleinen Aufwand im Vergleich mit einer manuellen Neuerstellung dar.

9 Zusammenfassung

In diesem Buch wird beschrieben, wie die einzelnen Arbeitsschritte beim Entwurf eines Hybridlayouts mit Hilfe neuer Algorithmen und Vorgehensweisen wesentlich unterstützt oder ganz automatisiert werden können.

Verfahren, die für die Leiterplattentechnik oder beim Entwurf integrierter Schaltungen eingesetzt werden, lassen sich nicht unmittelbar für die Erstellung eines Hybridlayouts nutzen.
Ein Überblick über die bekannten Methoden der Entwurfsautomatisierung zeigt, daß die in der Hybridtechnik gegebenen Freiheitsgrade und besonderen Entwurfsforderungen dedizierte Werkzeuge erforderlich machen.
Es werden daher für die einzelnen Arbeitsschritte neue Lösungen aufgezeigt:

Für den **Elementeentwurf** wird eine systematische Prozeßdatenerfassung und -speicherung in einer Datenbank vorgeschlagen. Auf der Basis der gemessenen Daten lassen sich technologisch bedingte Abweichungen im Widerstandsverhalten ausreichend genau vorausberechnen. Besonders die Abhängigkeit des Flächenwiderstandes von Länge und Breite der Widerstandsform kann über eine Approximation der Meßdaten beim Entwurf korrigierend berücksichtigt werden. Auch das Temperaturverhalten und der Einfluß dielektrischer Schichten in der Nachbarschaft von Widerständen werden quantitativ erfaßt.
Um die beim Laser-Trimmschnitt erreichbare Widerstandsgenauigkeit voraussagen und beim Entwurf entsprechend berücksichtigen zu können wird außerdem eine Trimmschnittsimulation für die verschiedenen Widerstandsformen vorgestellt. Bislang im wesentlichen qualitativ bekannte Effekte können nun hinreichend genau quantifiziert werden, sodaß ein Redesign aufgrund von Widerstandsabweichungen ausgeschlossen wird.

Zur **Anordnung und Verdrahtung** der mit Rechnerunterstützung entworfenen Elemente werden geeignete Datenstrukturen und die erforderlichen Interaktionsmöglichkeiten beschrieben. Für die verschiedenene Prinzipien der rechnerinternen Darstellung von Layoutelementen werden Vor- und Nachteile in Bezug auf die darauf anzuwendenden Operationen diskutiert. Als optimale Methode erweist sich die Unterteilung der Layout-Ebene in Gitterfelder (bins), die mit Hilfe einer neuen Erweiterung auch zum Speichern umfangreicher Bilddaten die effizientesten Zugriffe ermöglicht.

In einem Kapitel über **automatische Verdrahtung** wird zunächst gezeigt, wie mit schnellen Algorithmen eine automatische Leiterbahnnachführung bei interaktiven Eingriffen erreicht werden kann. Für eine vollautomatische Verdrahtung wird demonstriert, daß herkömmliche Verfahren nur unter Aufwendung zusätzlicher Verdrahtungsfläche eine vollständige Wegefindung realisieren können. Als Verbesserung speziell zur Anwendung bei unterschiedlich großen Elementen werden zwei neue Wege beschritten:

-- Durch eine Transformation der in einem Layout vorliegenden Elementekoordinaten auf ein angepaßtes Gitter kann ein Rasterverfahren zur Verdrahtung von Bauteilen beliebiger Abmessungen eingesetzt werden.

-- Das neue Kanalmodell kann in abgewandelter Form auch verwendet werden um eine Wegesuche in Anlehnung an das von Hightower [71] beschriebene Liniensuchverfahren effizient zu implementieren. Die zwischen den Bauteilen verfügbare freie Fläche wird so in Rechtecke unterteilt, daß jedes genau 4 Nachbarn (in den 4 Koordinatenrichtungen) aufweist. Die Besonderheit der neuen Modellierung liegt darin, daß die minimale Anzahl von Flächen gefunden wird, die dieser Forderung genügen.

Die Wegesuche auf diesen Flächen erfolgt zonenweise mit einer "depth first search" Strategie, die das Auffinden eines existierenden Weges in jedem Fall gewährleistet. Die besondere Eignung einer Verdrahtung auf der Basis der vorgestellten Modellierung für die Hybridtechnik liegt in der Unabhängigkeit von einem festen Raster begründet.

Für die Überprüfung auf Einhaltung der **geometrischen Entwurfsregeln** wird die Methode der Merkmalsextraktion mit anschließender Prüfung verwendet. Es wird gezeigt, wie beide Aufgaben durch Kombination einfacher logischer und geometrischer Operationen, angewendet auf verschiedene Maskenebenen zu lösen sind. Die Vorteile dieses Ansatzes liegen in der Flexibilität, die es gestattet, eine Merkmalsgewinnung und Prüfung an wechselnde Entwurfsforderungen einfach anzupassen.

Zur Durchführung der logischen Operationen wird ein neuer Abtastalgorithmus vorgestellt, der mehrfach überlappende Polygone mit beliebigen Kantenwinkeln verarbeitet. In einem einzigen Abtastvorgang werden alle Schnittpunkte zwischen den Originalkanten berechnet und jene Teilstücke ermittelt, die die Ergebnispolygone umschließen. Die Zeitkomplexität der Abtastung ist theoretisch zu maximal $O(n^{1,5})$ anzugeben; experimentelle Untersuchungen ergaben ein Anwachsen des Rechenaufwandes mit der Potenz 1,05 der Kantenzahl n. Bei den geometrischen Operationen "Vergrößern" und "Verkleinern" wird durch die Einführung zusätzlicher Kanten an den Eckpunkten die Approximation von Kreisbögen erreicht.
Die neuen Algorithmen zur Entwurfsregelüberprüfung erweisen sich auch für die Layouterzeugung und Weiterverarbeitung als wertvolle Hilfsmittel. Sie lassen sich zur Generierung zusätzlicher und modifizierter Maskenebenen (z.B. Anpassung an neue Größenforderungen) verwenden. Auch zum Verschmelzen oder Verkleinern von Polygonen zur automatischen Maskenerzeugung werden sie erfolgreich eingesetzt.

In Weiterführung der rein betrachtenden Methode der Entwurfsüberprüfung wird auch eine automatische Korrektur der Elementeanordnung durch eine **Kompaktierung** vorgestellt. In eindimensionalen Verdichtungsschritten werden die Elemente bis auf die Mindestabstände zusammengeschoben. Bei der hier erstmals vorgestellten Anwendung der Kompaktierung zum Hybridschaltungsentwurf wird keine symbolische Layoutbeschreibung (wie bei integrierten Schaltungen) zugrundegelegt, sondern es werden die vom Benutzer eingegebenen flächigen Elemente verarbeitet. Das Aufstellen des Abstandsgraphen, das die Nachbarschaftsverhältnisse durch ein System von Ungleichungen beschreibt, wird effizient mit einem einmaligen Abtastvorgang gelöst. Mit Hilfe dieses neuen Abtastalgorithmus wird erstmals eine Kompaktierung von Polygonen mit Kanten beliebigen Winkels möglich. Damit eignet sich das Verfahren besonders für die Anwendung auf Hybridschaltungen, da hier Strukturen (z.B. Leiterbahnen) mit schrägen Kanten häufig auftreten.

Mit den vorgestellten Lösungen wird der gesamte Bereich der Rechnerunterstützung beim Hybrid-Layoutentwurf abgedeckt - vom Elementeentwurf bis hin zur Maskenerzeugung.
Die beschriebenen Verfahren konnten in einem Programmsystem implementiert werden, das in zahlreichen Anwendungen an Hochschulen und in der Industrie zeigt, daß die Arbeit des Entwurfsingenieurs bei mühsamen, oft wiederkehrenden und fehlerträchtigen Arbeiten wesentlich erleichtert werden kann.

Bei der Konzeption, Integration und Realisierung der verschiedenen Algorithmen und Verfahren wurde auf Flexibilität geachtet, die es dem Designer ermöglicht, seine technologische Erfahrung durch Interaktionen optimal in den Layoutentwurfsprozeß einzubringen.

Literaturverzeichnis

[1] A.Ikegami, S.Denda: New Hybrid Technology in Japan. Proc. 3rd European Hybrid Microelectronics Conference, Avignon, France, May 20-22, (1981)152-162.

[2] E.Effenberger: Economics and Market. Proc. European Hybrid Microelectronics Conference, Ghent, Belgium, May 21-23(1979)1-8.

[3] W.Smetana: Die Schichttechnik - Eine Mikroelektronik-Technologie. Institut für Werkstoffe der Elektrotechnik, TU Wien, Sonderdruck ES, (1981)11,12 (1982)1.

[4] A.J.Blodgett, D.R.Barbour: Thermal Conduction Module: A High-Performance Multilayer Ceramic Package. IBM Res. Develop. 26(1982)30-36.

[5] J.M.Siskind, J.R. Southard, K.W.Crouch: Generating Custom High Performance VLSI Designs from Succinct Algorithmic Descriptions. Proc. Conf. on Advanced Research in VLSI, MIT, Cambridge, Mass., (1982)1, 28-40.

[6] J.Werner: The Silicon Compiler: Panacea, Wishful Thinking, or Old Hat? VLSI-Design, (1982)9/10, 46-52.

[7] J.R.Southard: MacPitts:An Approach to Silicon Compilation. Computer, (1983)12, 74-82.

[8] P.Wallich: On the horizon: fast chips quickly. IEEE Spectrum, (1984) 3, 28-34.

[9] K.Zibert: Ein Beitrag zum rechnergestützten topologischen Entwurf von Hybrid-Schaltungen. Dissertation, TU München, 1974.

[10] K.Zibert, R.Saal: On Computer Aided Hybrid Circuit Layout. Proc. IEEE Intern. Symp. on Circuits and Systems (1974)314-318.

[11] R.van der Leeden: Zum topologischen Layout-Entwurf hybrider Schaltungen. Dissertation, TU München, 1979.

[12] W.T.Tutte, R.L.Brooks, C.A.B.Smith, A.H.Stone: The Dissection of Rectangles into Squares. Duke Math. Journ. 7(1940)312-340.

[13] H.Beke, S.Mazur, R.Govaerts, W.Sansen, R.van Overstraeten: CALHYM - A Computer Program for the Automatic Layout of Large Digital Hybrid Microcircuits. Proc. European Hybrid Microelectronics Conf., Bad Homburg, Mai 2-4(1977)I/1-9.

[14] D.E.Knuth: The Art of Computer Programming, Vol.3, Sorting and Searching. Addison-Wesley, Reading, Mass., 1979.

[15] A.V.Aho,J.E.Hopcroft,J.D.Ullman: The Design and Analysis of Computer Computer Algorithms. Addison-Wesley, Reading, Mass., 1974.

[16] N.Deo: Graph Theorie with Applications to Engineering and Computer Science, Prentice Hall, Englewood Cliffs, N.J., 1974.

[17] J.R.Sims, P.G.Creter, A.H.Leveille: An Approach to Computer Aided Design of Multilayer Hybrids.Solid State Technology,Part 1,(1979)10, 95-101, Part 2,(1979)11, 90-96.

[18] D.W.Hightower: A Solution to Line-Routing Problems on the Continuous Plane. Proc. 6th Design Automation Workshop, (1969)1-24.

[19] J.C.Hurt, C.L.Mohr: A Computer-Aided Design System for Hybrid Circuits. IEEE Trans. on Components, Hybrids and Manufacturing Technology, CHMT-3(1980)4, 525-535.

[20] D.Miller: Trough thick and thin, CAD tools keep pace with hybrid components. Electronic Design, (1985)3, 115-122.

[21] H.Shiraishi, K.Kawamura, M.Hayashi: Interactive Hybrid IC Design System. FUJITSU Scientific & Technical Journal, (1980)9, 65-79.

[22] G.P.Ferraris, T.Cagnin, F.Francese, L.Piana: Computer Aided Design of Hybrid Circuits. Proc. 3rd Europ. Hybrid Microelectronics Conf., Avignon, France, May 20-22(1981)33-43.

[23] D.C.Smith, R.Noto: Automatic Layout Program for Hybrid Microcircuits (HYPAR). The Int. Journal for Hybrid Microelectronics, 4(1981)2, 106-110.

[24] A.F.Heidner: The Application of an Integrated-Circuit Design System to the Design of Hybrid Circuits. The Int. Journal for Hybrid Microelectronics, 4(1981)2, 57-61.

[25] C.Mead, L.Conway: Introduction to VLSI Systems. Addison-Wesley, Reading, Mass., 1980.

[26] F.Pacha: Integriertes Entwurfssystem für Hybridschaltungen. Dissertation, TU Wien, 1983.

[27] J.D.Williams: STICKS - A graphical compiler for high level LSI design. National Computer Conference, (1979)289-295.

[28] R.Verlet: CAD/CAM for Hybrids. Proc. 4th Europ. Hybrid Microelectronics Conf., Copenhagen, Denmark, May 18-20(1983)505-513.

[29] E.Schmidt: Anforderungen an ein CAD-Hybridsystem. Elektronik Produktion und Prüftechnik, Konradin, (1983)11, 736-738.

[30] E.Schmidt: Trimmen von Schichtwiderständen mit einem automatischen Laser-Abgleichsystem. Funk Technik, 34(1979)1, 36-43.

[31] R.W. Berry, P.M. Hall, M.T. Harris: Thin Film Technology. Van Nostrand Reinhold Company, New York, 1968.

[32] G.Stecher: A new concept in calculation of thickfilm resistors. Proc. Europ. Hybrid Microelectronics Conf., Bad Homburg, Mai 2-4 (1977)III/1-11.

[33] D.F.Zarnow: A New Approach To Thick-Film Resistors. The Int. Journal for Hybrid Microelectronics, 3(1980)1, 24-31.

[34] L.J.Golonka: Effect of thick film resistor dimension on sheet resistivity. The Int. Journal for Hybrid M., 4(1981)2, 405-407.

[35] R.B.Washburn, W.D.Cavitt: The designing of thick film resistors through statistical evaluation. The Int. Journal for Hybrid M., 4(1981)2, 128-133.

[36] E.Schmidt: Datenbanksystem zur Erfassung der Geometrieabhängigkeit des Flächenwiderstandes von Dickschichtwiderständen, ISHM, München 7.10.1982.

[37] H.Fechner, W.Ulbrich, E.Schmidt, R.Pauli: Anleitung zum Mikroelektronik-Praktikum. Lehrstuhl für Netzwerktheorie und Schaltungstechnik, TU München. 1979.

[38] H.Delfs: Hybridschaltungen. Verlag Berliner Union GmbH, Stuttgart, 1973.

[39] E.Lüder: Bau hybrider Mikroschaltungen. Springer Verlag,Berlin,1977.

[40] R.D.Jones: Hybrid Circuit Design and Manufacture. Marcel Dekker INC., New York, 1982.

[41] W.Ulbrich: Resistor Geometry Comparison with Respect to Current Noise and Trim Sensitivity. Proc. European Hybrid Microelectronics Conf., Bad Homburg, Mai 2-4(1977)XV/1-8.

[42] A.J.Walton, B.J.Marsden, D.Scurr: The Application of the Finite Element Technique to the Design and Analysis of Hybrid Microelectronic Circuits. The Int. Journal for Hybrid M., 4(1981)2, 370-375.

[43] E.Wehrhahn: A Fast Iterative Algorithm for the Evaluation of Trimmed Resistor Characteristics. Proc. 4rd European Hybrid Microelectronics Conf., Copenhagen, Denmark, May 18-20(1983)388-396.

[44] A.C.van der Woerd, J.P.M.van Lammeren, R.J.H.Janse, R.H.van Beynhem: Calculation of the Resistance Value of Laser-Trimmable Planar Resistors in an Interactive Mask-Layout Design System. IEEE Journal of Solid-State Circuits, SC-19(1984)4, 532-537.

[45] D.Marshal: Die numerische Lösung partieller Differentialgleichungen in Wissenschaft und Technik. Bibliographisches Institut, Zürich, 1976.

[46] E.-H.Horneber: Simulation elektrischer Schaltungen auf dem Rechner. Springer Verlag, Berlin, 1985.

[47] R.Saal: Umdruck zur Vorlesung "Elektrische Netzwerke". Lehrstuhl für Netzwerktheorie und Schaltungstechnik, TU München.

[48] P.M.Hall: Resistance Calculation for Thin Film Patterns. Thin Solid Films, 1(1967/68)277-295.

[49] K.D.Läßker: Theoretische und praktische Untersuchungen zur Dimensionierung von Dickschichtwiderständen. Diplomarbeit am Lehrstuhl für Netzwerktheorie und Schaltungstechnik, TU München, 1971.

[50] W.Roßmann: Beschreibung des Hybrid-Editors "HEDIT". Lehrstuhl für Netzwerkteorie und Schaltungstechnik, TU München, 1984.

[51] E.Schmidt, W.Roßmann: HEDDIM - Beschreibung des Hybrid-CAD Systems "HEDDIM". Lehrstuhl für Netzwerktheorie und Schaltungstechnik, TU München, 1985.

[52] W.Roßmann: HEDIT - Interaktiver Graphischer Editor für Hybridlayout. Elektronik Produktion und Prüftechnik, Konradin, (1984)4, 175-177.

[53] H.Kober: Dictionary of Conformal Representations.Dover Publications, New York, 1950.

[54] H.Meinke, F.W.Gundlach: Taschenbuch der Hochfrequenztechnik. Springer Verlag, Berlin, 1968.

[55] C.A.Harper: Handbook of Thick Film Hybrid Microelectronics. McGraw-Hill, New York, 1974.

[56] W.M.Newman, R.F.Sproull: Principles of Interactive Computer Graphics. McGraw-Hill, New York, 1973.

[57] J.D.Foley, A.van Dam: Fundamentals of Interactive Computer Graphics. Addison-Wesley, Reading, Massachusetts, 1983.

[58] J.K.Ousterhout: CAESAR: An Interactive Editor for VLSI Layouts. VLSI Design, (1981)4, 34-38.

[59] U.Lauther: A Data Structure for Gridless Routing. Software Newsletter, Siemens AG (ZT), (1980)2.1-2.7.

[60] G.Kedem: The Quad-CIF Tree: A Data Structure for Hierarchical On-Line Algorithms. Proc. 19th DAC, Las Vegas, (1982)352-357.

[61] J.L.Bentley, J.H.Friedman: Data Structures for Range Searching. ACM Computing Surveys, 11(1979)4, 397-409.

[62] M.Y. Hsueh: Symbolic Layout Compaction of Integrated Circuits. Memo No. UCB/ERL M79/80, UC Berkeley, 1979.

[63] J.K. Ousterhout: Corner Stitching: A Data Structuring Techique for VLSI Layout Tools. Report No. UCB/CSD 82/114, UC Berkeley, 1982.

[64] K. Antreich, F. Johannes, F.Kirsch: Zur Plazierung von Bauelementen. AEÜ, 36(1982)1, 1-8.

[65] T.Hildebrandt: An Annotated Placement Bibliography.SIGDA Newsletter, 15(1985)4, 12-21.

[66] H. Reichl: Hybridintegration. Alfred Hüthig Verlag, Heidelberg, 1986.3

[67] M.A.Breuer (Ed.):Design Automation of Digital Systems.Prentice Hall, Englewood Cliffs, N.J., 1972.

[68] P.Agrawal, M.A. Breuer: Some Theoretical Aspects of Algorithmic Routing. Proc. 14th DAC, New Orleans, (1977)23-31.

[69] J.Soukup: Global Router. Proc. 16th DAC, San Diego, (1979) 481-484.

[70] J.Soukup: Circuit Layout. Proc. IEEE, 69(1981)10, 1281-1304.

[71] D.A.Hightower: A Solution to Line-Routing Problems on the Continucus Plane. Proc. 6th Design Automation Workshop, (1969)1-24.

[72] C. Y. Lee: An Algoritm for Path Connection and Its Applications. IRE Trans. on Electronic Computers, EC-10(1961)3, 1961, 346-365.

[73] N. Deo: Graph Theory with Applications to Engineering and Computer Science. Prentice-Hall, Englewood Cliffs, N.J., 1974.

[74] A.V.Aho, J.E. Hopcroft, J.D. Ullman: Data Structures and Algorithms. Addison-Wesley, Reading, Massachusetts, 1983.

[75] F.Rubin: The Lee Path Connection Algorithmus. IEEE Trans. on Comp., C-23(1974)9, 907-914.

[76] J.Soukup: Fast Maze Router. Proc. 15th DAC, Las Vegas,(1978)100-102.

[77] F.Tada, K.Yoshimura, T.Kagata, T. Shirakawa: A Fast Maze Router with Iterative Use of Variable Search Space Restriction. Proc. 17th DAC, Minneapolis, (1980)250-254.

[78] R.K.Korn: An Efficient Variable - Cost Maze Router. Proc. 19th DAC, Las Vegas, (1982)425-431.

[79] T.C. Hu, M.T. Shing: The α-β Routing. In T.C.Hu, E.S.Kuh (Ed.): VLSI Circuit Layout: Theory and Design. IEEE Press, New York, 1985.

[80] X. J. Guang, T. Kozawa: An Algorithm for Searching Shortest Path by Propagating Wave Fronts in Four Quadrants. Proc.18th DAC, Nashville, (1981)29-36.

[81] W.Heyns, W,Sansen, H.Beke: A Line Expansion Algorithm for the general Routing Problem with a guaranteed Solution. Proc. 17th DAC, Minneapolis, (1980)243-249.

[82] A. Hashimoto, S. Stevens: Wire Routing by Optimizing Channel Assignment within large Apertures. Proc. 8th DA Workshop, (1971)155-169.

[83] D.N.Deutsch: A Dogleg Channel Router. Proc. 13th DAC, San Francisco, (1976)425-433.

[84] T.Yoshimura, E.S.Kuh: Efficient Algorithms for Channel Routing. IEEE Trans. on CAD, CAD-1(1982)1,25-35.

[85] L.R.Smith, T.Saxe, J.Newkirk, R.Mathews: A new area router, the LRS algorithm. Proc. Int. Conf. on Circuits and Comp.ICCC (1982)256-259.

[86] M.Takahashi, C.P.Hsu: General River Router. Proc. Intern. Symposium on Circuits and Systems, Newport Beach, (1983)1233-1236.

[87] M.Wiesel: Rechnergestütztes Layout von Leiterplatten und Integrierten Schaltungen. VDI-Verlag, VVB, Düsseldorf, 1981.

[88] M.Wiesel, D.A.Mlynsky: An Efficient Channel Model for Building Block LSI. Proc. ISCAS, Chicago, (1981)118-121.

[89] H-J.Rothermel, D.A.Mlynsky: Routing Method for VLSI Design using Irregular Cells. Proc. 20th DAC, (1983)257-262.

[90] H-J.Rothermel:Computation of Power Supply Nets in VLSI Layout. Proc. 18th DAC, Nashville, (1981)37-42.

[91] W. Roßmann, P. Szolgay: Automatic Routing for Hybrid - Circuit Layout Design. Seventh European Conference on Circuit Theory and Design (ECCTD'85), Prague, Sept. 1985, 37-41.

[92] J.F.Johns, G.D.Hachtel: A Zone Expansion Algorithm for Gridless Routing on a Continuous Plane. Proc. ISCAS, San Jose, (1986)331 - 334.

[93] R.L.Rivest: The "PI" (Placement and Interconnect) System. Proc. 19th DAC, Las Vegas, (1982)475-481.

[94] J.L.Bentley, D.Haken, R.W.Hon: Fast Geometric Algorithms for VLSI Tasks. Proc. IEEE Computer Conference Spring'80, (1980)88-92.

[95] E. J. Grath, T. Whitney: Design Integrity And Immunity Checking. Proc. 17th DAC, Minneapolis, (1980)263-268.

[96] D.Noice, J.Newkirk, R.Mathews: A Polygon Package for Analyzing Integrated Circuit Designs. VLSI Design. Vol. 3 (1980)33-36.

[97] H.Kawanishi, T.Nishide, T.Masuda: An Algorithm of Graphical Operations On LSI Mask Pattern. 15th Asilomar Conference on Circuits, Systems and Computers. (1981)17-21.

[98] M.H.Arnold, J.K.Ousterhout: Lyra: A New Approach to Geometric Layout Rule Checking. Proc. 19th DAC, (1982)530-536.

[99] J.A.Wilmore: A Hierarchical Bit-Map Format For The Representation Of IC Mask Data. Proc. 17th DAC, Minneapolis, (1980)585-590.

[100] T.Blank, M.Stefik, W.van Cleemput: A Parallel Bit Map Processor Architecture For DA Algorithms. Proc.18th DAC, Nashville, (1981) 837-845.

[101] K.S.Eo, C.M.Kyung: A New Design Rule Checker Based On Corner Checking And Bit Mapping. Proc. ISCAS, Kjoto, (1985)1289-1292.

[102] B.W.Lindsay, B.T.Preas: Design Rule Checking and Analysis of IC Mask Designs. 13th Design Automation Conference(1976)301-308.

[103] M.G.Tucker, W.J.Haydamack: VLSI Design and Artwork Verification. Hewlett-Packard Journal, 32(1981)6, 25-29.

[104] M.E.Newell, C.H.Sequin: The Inside Story of Self-Intersecting Polygons. LAMBDA, 1, Second Quarter (1980)20-24.

[105] K.Yoshida, T.Mitsuhashi, Y.Nakada, T.Chiba, K.Ogita, S.Nagatsuka: A Layout Checking System For Large Scale Integrated Circuits. Proc. 14th DAC (1977)322-330.

[106] M.I.Shamos, D.Hoey: Geometric Intersection Problems. Proc. 17th Annual Symposium on Foundations of Computer Science,(1976)208-215.

[107] J.L.Bentley, T.A.Ottmann: Algorithms for Reporting and Counting Geometric Intersections. IEEE Trans. Comp. Vol. C-28, No 9, (1979)643-647.

[108] J.Nievergelt, F.P.Preparata: Plane-Sweep Algorithms for Intersecting Geometric Figures. Communications of the ACM,Vol25,10,(1982)739-747.

[109] D.T.Lee, F.P.Preparata: Computational Geometry - A Survey. IEEE Trans. Comp. Vol. C-33, No 12, (1984)1072-1101.

[110] U.Lauther: An O(N log N) Algorithm for Boolean Mask Operations. Proc. 18th DAC, Nashville, (1981)555-562.

[111] W.E.Donath, C.K.Wong: An Efficient Algorithm for Boolean Mask Operations. IEEE International Conf. on Computer Design, ICCD'83, 358-360.

[112] C.R.McCaw: Unified Shapes Checker - a Checking Tool for LSI. 16th DAC, San Diego, (1979)81-87.

[113] A.Tsukizoe, J.Sakemi, T.Kozawa, H.Fukuda: MACH: A High-Hitting Pattern Checker for VLSI Mask Data. Proc. 20th DAC, (1983)726-731.

[114] W. Roßmann: A New Approach to the Design Rule Check of Hybrid Integrated Circuits. Proc. ISCAS, San Jose, (1986)1042-1045.

[115] H.S.Baird: Fast algorithms for LSI artwork analysis. Proc. 14th DAC, New Orleans, (1977)303-311.

[116] Y.E.Cho: A Subjective Review Of Compaction. Proc. 22nd DAC,(1985) 306-404.

[117] W.Schiele: Entwurfsregelanpassung der Maskengeometrie integrierter Schaltungen. Fortschritt-Berichte VDI, Reihe 9, Nr.51, VDI-Verlag, Düsseldorf 1985.

[118] M.Schlag, Y.Z.Liao, C.K.Wong: An Algorithm For Optimal Two-Dimensional Compaction Of VLSI-Layouts. Integration 1(1983)179-209.

Sachverzeichnis

Ätzprozeß 2
Abgleich 17, 19f., 36f.
Abstandsgraph 107f.
Abtastalgorithmus 96f., 109
Bauteilebibliothek 53
Channel-Router 79
Corner-Stitching 67
Crossover-Schaltung 45, 117
Dünnfilmtechnik 2, 3, 24
Datenstrukturen 60
- , hierarchische 63
Dickschichttechnik 1
Dickschichtwiderstand 17f., 27
dielektrische Schichten 45
Druckrichtung 48
Eckenrundung 102
Elementeentwurf 14, 119
Entwurfsregeln 90, 106
- , geometrische 90f.
Entwurfsregelprüfung 15, 90
Entwurfsschritte 4
Entwurf, logischer 3
Flächenbelegungszahl 96
Flächenwiderstand 18
- , Breitanabhängigkeit 35
- , Geometrieabhängigkeit 25
Funktionsabgleich 19
Gate-Array 7
geometrische Operationen 94, 101
Gitter-Strukturierung 64
Hightower-Algorithmus 78
Hybridtechnologie 1
Induktivitäten 2, 52
Kapazitätsbelag 50
Knotenpotentialanalyse 37f.
Kompaktierung 15, 107f., 117
Komplexitätsbetrachtungen 105, 112
Kondensatoren 2, 49f.
konforme Abbildung 42f.
Konturen-Darstellung 113
- , Verschmelzen von 114
Längster-Pfad-Algorithmus 108, 110
L-Schnitt 22
Lasersteuerung 45
Layout 3
Lee-Algorithmus 77
Leiterbahnnachführung 72f.
Leiterplatten 6
Liniensuchverfahren 78
logische Operationen 94, 97, 104, 114
Mäanderwiderstand 24
Maske 111
Maskenerzeugung 113f.
Maximalabstand 91
Meßwertapproximation 32f.
Merkmalsprüfung 93, 102
Mindestüberlappung 91
Mindestabstand 91, 102
Mindestbreite 91, 104
Mittelschnitt 44

Multilayer-Technik 45
Netzliste 71, 80
Partitionierung 116
Pflichtenheft 5, 53
Photoplotter-Ansteuerung 113
PLA 7
Planarisierung 10
Plazierung 53, 69, 108
Polygon-Verschmelzung 114
Polygondarstellung 94
Prüfung, elektrische 90
- , geometrische 90f.
Quadrantenverfahren 93
Rasterabstand 80
Rasterverfahren 92
Reststegbreite 20
River-Router 79
Schichtdicke 47
Schneiden von Masken 111
Silicon-Compiler 7
Simulation 6
SMD-Elemente 7
Speicherplatzbedarf 78
Standardzellen 7
STICK-Diagramm 109
Streckungsverhältnis 18
Streubreite 19f.
Stromlaufplan 4, 116
Stromrauschen 22
Stromverteilung 22
Switchbox-Router 79
Temperaturkoeffizient 29f.
Temperaturverhalten 30
Testkonzept 6
Testlayout 28, 49
Topologie 10, 53
Trimmenpfindlichkeit 37
Trimmfaktor 19f.
Trimmschnitt 20
Trimmschnittsimulation 36
U-Form-Widerstand 20, 39
Verdrahtung 69
- , automatische 69f.
- , rastergebundene 83f.
Verdrahtungsgitter 80
- , angepaßtes 83f.
Verdrahtungshilfen 70
Verlustleistung 21
Vorzugsrichtung 81
Wegzellenmaß 81
Widerstand, 17f.
- , seitenkontaktierter 19, 22, 43
Widerstands-Abgleich 19
Widerstands-Sollwert 18,19
Widerstandsberechnung 18f.
Widerstandspasten 18
Winkelwiderstand 41
Zonensuchverfahren 85f.
Zweipunktverbindungen 81